高职高专土建类"十三五"规划"互联网+"创新系列教材

砌体结构

QITI JIEGOU

主　编　赵邵华

副主编　李进军　葛　莎

主　审　王运政

U0331889

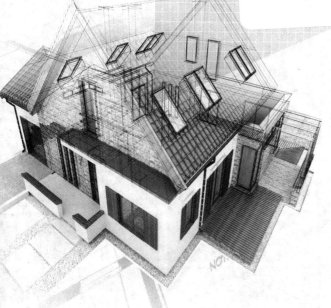

 中南大学出版社
www.csupress.com.cn

内容简介

本书重点阐述砌体结构的基本原理依据我国颁布的《砌体结构设计规范》(GB 50003—2011)和基本设计方法。全书内容包括绪论,砌体材料及砌体的力学性能,现行规范中砌体结构设计的基本原则,混合结构房屋墙体内力计算,无筋砌体受压构件,配筋砌体受压构件,砌体墙、柱的构造要求,过梁、墙梁、挑梁及雨篷的设计。

本书为高等职业教育建筑工程技术专业的教学用书,也可作为岗位培训教材或工程技术人员的参考书,并配有相应的多媒体教学电子课件和习题答案。

高职高专土建类"十三五"规划"互联网+"创新系列教材编审委员会

主　任

王运政　　胡六星　　刘霁　　郑伟　　玉小冰

刘孟良　　陈安生　　李建华　　陈翼翔　　谢建波

副主任

（以姓氏笔画为序）

王超洋　　刘庆潭　　刘锡军　　杨晓珍　　李玲萍　　李恳亮

李精润　　宋国芳　　欧长贵　　周一峰　　项林　　胡云珍

委　员

（以姓氏笔画为序）

万小华　　龙卫国　　卢滔　　叶姝　　吕东风　　朱再英

伍扬波　　刘小聪　　刘天林　　刘心萍　　刘可定　　刘旭灵

刘剑勇　　刘晓辉　　刘琛　　许博　　阮晓玲　　孙光远

孙湘晖　　李为华　　李龙　　李冬　　李亚贵　　李进军

李丽君　　李奇　　李侃　　李海霞　　李清奇　　李鸿雁

李鲤　　肖飞剑　　肖恒升　　肖洋　　何立志　　何珊

佘勇　　宋士法　　张小军　　陈贤清　　陈晖　　陈淳慧

陈翔　　陈婷梅　　易红霞　　罗少卿　　金红丽　　周伟

周良德　　周晖　　赵亚敏　　赵绍华　　胡蓉蓉　　徐龙辉

徐运明　　徐猛勇　　高建平　　唐茂华　　黄光明　　黄郎宁

曹世晖　　常爱萍　　梁鸿颉　　彭东黎　　蒋买勇　　蒋荣

喻艳梅　　曾维湘　　曾福林　　熊宇璟　　魏丽梅　　魏秀瑛

出版说明 INSTRUCTIONS

遵照《国务院关于加快发展现代职业教育的决定》(国发〔2014〕19号)提出的"服务经济社会发展和人的全面发展,推动专业设置与产业需求对接、课程内容与职业标准对接、教学过程与生产过程对接、毕业证书与职业资格证书对接"的基本原则,为全面推进高等职业院校土建类专业教育教学改革,促进高端技术技能型人才的培养,依据国家高职高专教育土建类专业教学指导委员会高等职业教育土建类专业教学基本要求,通过充分的调研,在总结吸收国内优秀高职高专教材建设经验的基础上,我们组织编写和出版了这套高职高专土建类专业"十三五"规划教材。

高职高专教学改革不断深入,土建行业工程技术日新月异,相应国家标准、规范及行业、企业标准、规范不断更新,作为课程内容载体的教材也必然要顺应教学改革和新形式的变化,适应行业的发展变化。教材建设应该按照最新的职业教育教学改革理念构建教材体系,探索新的编写思路,编写出版一套全新的、高等职业院校普遍认同的、能引导土建专业教学改革的"十三五"规划系列教材。为此,我们成立了规划教材编审委员会。教材编审委员会由全国30多所高职院校的权威教授、专家、院长、教学负责人、专业带头人及企业专家组成。编审委员会通过推荐、遴选,聘请了一批学术水平高、教学经验丰富、工程实践能力强的骨干教师及企业专家组成编写队伍。

本套教材具有以下特色。

(1)教材依据国家高职高专教育土建类专业教学指导委员会《高职高专土建类专业教学基本要求》编写,体现科学性、创新性、应用性;体现土建类教材的综合性、实践性、区域性、时效性等特点。

(2)适应高职高专教学改革的要求,以职业能力为主线,采用行动导向、任务驱动、项目载体,教、学、做一体化模式编写,按实际岗位所需的知识能力来选取教材内容,实现教材与工程实际的零距离"无缝对接"。

(3)体现先进性特点。将土建学科的新成果、新技术、新工艺、新材料、新知识纳入教材,结合最新国家、行业标准、规范编写。

(4)教材内容与工程实际紧密联系。教材案例选择符合或接近真实工程实际,有利于培养学生的工程实践能力。

(5)以社会需求为基本依据,以就业为导向,融入建筑企业岗位(八大员)职业资格考试、国家职业技能鉴定标准的相关内容,实现学历教育与职业资格认证相衔接。

(6)教材体系立体化。为了方便老师教学和学生学习,本套教材建立了多媒体教学电子课件、电子图集、教学指导、教学大纲、案例素材等教学资源支持服务平台;部分教材采用了"互联网+"的形式出版,读者扫描书中"二维码",即可观看丰富的工程图片、演示动画、操作视频、工程案例、拓展知识。

高职高专土建类专业规划教材

编 审 委 员 会

前 言 PREFACE

本书为高职高专土建类"十三五"规划"互联网+"创新系列教材。全书从建筑工程技术专业培养目标出发，以土建类高职高专建筑工程技术专业教学的基本要求和《建筑与市政工程施工现场专业人员职业标准》(JGJ/T 250—2011)为引领，主要参照《砌体结构设计规范》(GB 50003—2011)及《混凝土结构施工图平面整体表示方法制图规则和构造详图》(16G101)等新规范和新标准编写。

本书以培养专业技术应用能力为主线，编写过程中紧紧围绕建筑施工现场一线的职业活动，教学内容取材以从事职业岗位工作"必需、够用"为原则，将"砌体结构相关规范、建筑施工现场专业技术岗位标准和技能训练"的相关内容有机地融入教材，做到"实用、够用、能学、会用"，突出实用性和可操作性，力求体现高职高专教育的特色。为便于学生对各知识点的学习、应用和掌握，本书在各模块正文之前明确教学目标，在正文之后配套有模块小结、思考题、习题、自测题，并且有些模块还有一些可通过手机扫二维码的阅读资源，所有的思考题、习题、自测题参考答案都能通过扫二维码得到。

本书由湖南城建职业技术学院赵邵华老师担任主编，各模块编写分工如下：绪论、第1章、第2章、第3章由赵邵华老师编写；第4章和第5章由郴州职业技术学院李进军老师编写；第6章和第7章由湖南城建职业技术学院葛莎老师编写。全书由赵邵华老师统一修改定稿，由湖南城建职业技术学院王运政教授担任主审。在编写过程中得到了湖南城市学院胡乃君老师的指导和帮助，并征得胡乃君老师同意，引用了他主编的《砌体结构》的部分内容。谨此一并表示衷心的感谢！

由于编者水平有限，加之编写时间仓促，书中不足之处在所难免，恳请广大读者和同行专家批评指正，以便不断修订完善。

目 录 CONTENTS

绪　论

0.1　砌体结构发展简史

砌体结构是由块体和砂浆通过人工砌筑而成的墙、柱作为建筑物主要受力构件的结构，是砖砌体、砌块砌体和石砌体结构的统称。

在我国砖石结构有着悠久的历史。考古资料表明，我国在新石器时代末期（6000～4500年前），已有地面木构架建筑和木骨泥墙建筑。到公元前 20 世纪时（约相当夏代）则发现有夯土的城墙。商代（公元前 1600 年—公元前 1046 年）以后，逐渐开始采用黏土做成的版筑墙，以后逐渐改用日光晒干的黏土砖（土坯）来砌筑墙。到西周时期（公元前 1046 年—公元前 771 年）已有烧制的瓦。在战国时期（公元前 475 年—公元前 221 年）的墓中发现有烧制的大尺寸空心砖，这种空心砖盛行于西汉（公元前 206 年—公元 8 年），但由于制造复杂，至东汉（公元 25 年—公元 219 年）末年似已不再生产。六朝时，（实心）砖的使用已很普遍，有完全用砖造成的塔。

石料在我国的应用是多方面的。我们的祖先曾将石料刻成各种建筑装饰用的浮雕，用石料建造台基和制作栏杆，也采用石料砌筑建筑物。

我国拱券建筑最早用于墓葬，虽说洛阳北郊东周墓中已有发现，但非正式记载。根据现有资料和实物证明，早在西汉中期已有墓室采用拱券结构。

早期砖石砌体的体积都是很大的。为了节约材料和减轻砌筑工作量，要求减小构件的截面尺寸。因此，对砌筑材料提出了较高的要求，但是改进和发展的过程是很缓慢的。

水泥发明后，有了高强度的砂浆，进一步提高了砖石结构的质量，促进了砖石结构的发展。19 世纪在欧洲建造了各式各样的砖石建筑物，特别是多层房屋。

我国早期建筑采用木结构的构架，墙壁仅作填充防护之用。鸦片战争后，我国建筑受到欧洲建筑的影响，开始采用砖墙承重。这时砖石砌体已成为工程结构中不可分割的一环。研究和确定其计算方法，自是必然的趋势。

砌体结构在我国的发展过程大致分为三个阶段。

第一阶段：在清朝（1644—1911 年）末年、19 世纪中叶以前，我国的砖石建筑主要为城墙、佛塔和少数砖砌重型穹拱佛殿以及石桥和石拱桥等。我国古代劳动人民对这些建筑是有着相当高的成就的。我国历史上有名的工程——万里长城（图 0 - 1），是古代劳动人民勇敢、智慧与血汗的结晶。长城原为春秋、战国时期各国诸侯为了互相防御各在形势险要处修建的城墙。秦始皇统一全国后，为了防御北方匈奴贵族的南侵，于公元前 214 年将秦、赵、燕三国的北边长城予以修缮、连贯为一，故址西起临洮（甘肃岷县）、北傍阴山、东至辽东。总长 6700 km，称"万里长城"。

万里长城

图 0-1 万里长城

　　隋代(581—618 年)李春所造的河北赵县安济桥(图 0-2),距今已有 1400 多年,净跨为 37.02 m,宽约 9 m,为单孔敞肩式石拱桥,外形十分美观。据考证,该桥实为世界上最早的敞肩式拱桥。拱上开洞,既可节约石材,又可减轻洪水期的水压力,故它在材料的使用、结构受力、艺术造型和经济方面,都达到了高度的成就。1991 年安济桥被美国土木工程师学会(ASCE)选为第 12 个国际历史上土木工程里程碑,这对弘扬我国历史文化具有重要意义。

安济桥

图 0-2 安济桥

　　南京灵谷寺无梁殿后面走廊的砖砌穹隆,系明洪武年间(1368—1398 年)建造,它显示出我国古代应用砖石结构的一个方面。苏州开元寺无梁殿建于明万历四十六年(1618 年)。四川峨眉万年寺亦有明万历三十年(1602 年)建造的砖砌穹顶。

第二阶段：19世纪中叶至中华人民共和国成立的100年左右的时期内，我国广泛采用承重墙，但砌体材料仍主要是黏土砖。这一阶段对砌体结构的设计系按容许应力法粗略进行估算，而对静力分析则缺乏较正确的理论依据。由于在封建制度和半封建、半殖民地制度的束缚下，不可能很好地总结提高和进行必要的科学研究，因此在前两个阶段里，虽然经过漫长的岁月，砌体结构的实践和理论的发展却是极缓慢的。由于水泥的发明，砂浆强度的提高，促进了砖砌体结构的发展。此时期我国建筑受欧洲建筑风格的影响，开始改变原砌筑空斗墙的薄型砖而烧制八五砖（规格为216 mm×105 mm×43 mm），广泛地用以砌筑实心承重砖墙，建造单层或两三层的低层房屋。这个时期的砌体材料主要是黏土砖。

第三阶段：中华人民共和国成立以后，砌体结构有了较快的发展，我国逐步开始广泛地采用240 mm×115 mm×53 mm的标准砖来建造单、多层房屋。砌体结构的潜力得到发挥。在非地震区，厚度为240 mm的墙建造到6层，加厚以后可以造到7层或8层。在地震区用砖建造的房屋也达到6层或7层。20世纪70年代后期，在重庆市用黏土砖作承重墙建造了12层的房屋。砌体结构不仅用于各类民用房屋，而且也在工业建筑中大量采用，不仅作承重结构，也用作围护结构。20世纪60年代中期至70年代初，北京市已广泛地利用工业废料制造的粉煤灰砌块或煤灰矿渣混凝土墙板来建造居住建筑。

在国外，采用石材和砖建造各种建筑物也有着悠久的历史。古希腊在发展石结构方面作出了重要的贡献。埃及的金字塔和我国的万里长城一样，因其气势宏伟而举世闻名。公元前432年建成的帕提农神庙，比例匀称，庄严和谐，是古希腊多立克柱式建筑的最高成就。公元前80年建成的古罗马庞培城角斗场，规模宏大，功能完善，结构合理，景观宏伟，其形制对现代的大型体育场仍有着深远的影响。6世纪在君士坦丁堡（今土耳其伊斯坦布尔）建成的索菲亚大教堂（图0-3），为砖砌大跨结构，东西长77.0 m，南北长71.7 m，具有很高的水平。

索菲亚大教堂

图0-3 索菲亚大教堂

古罗马建筑依靠高水平的拱券结构获得宽阔的内部空间，能满足各种复杂的功能要求。始建于1173年的著名的意大利比萨斜塔，塔高58.36 m，以其大角度的倾斜（现倾斜约5°30′)而闻名。1163年始建、1250年建成的巴黎圣母院（图0-4），宽约47 m，进深约125 m，内部可容纳近万人，它立面雕饰精美，被称为法国哥特式教堂的典型。

巴黎圣母院

图0-4 巴黎圣母院

1889年，在美国芝加哥由砖砌体、铁混合材料建成的第一幢高层建筑 Monadnock，共17层，高66 m。

迄今为止，在世界各地，现代砌体结构仍较广泛地用于建造低层和多层的居住与办公建筑，甚至一些高层建筑也采用砌体结构。

0.2 我国砌体结构的现状

如前所述，尽管我国使用砌体结构的历史很长，然而一直到新中国成立前，砌体结构除了用于城墙、桥梁、地下工程及佛塔建筑外，在房屋建筑方面一般仅用于两三层的低层建筑。至于四层以上的房屋结构，往往采用钢筋混凝土骨架填充墙，或外墙承重，内加钢筋混凝土梁柱的结构。

新中国成立以后，砌体开始应用于特种结构，如水池、烟囱、水坝、水槽、料仓及小型桥涵等，房屋建筑的砌筑高度也得到了长足的发展。

我国砌体结构的现状，可以从以下三个方面来进行描述。

（1）在继承基础上的发展。

具体表现在广泛地采用砖砌多层房屋，各种石桥的高度增长幅度很大；石砌拱桥不但拱跨显著加大，而且厚度也大为减小；在非地震区，经过改进的非承重空斗墙用以建造2～4层房屋的承重墙等。这样，砖、石材的强度得以充分的利用。

（2）采用了现代科学技术发展的新成果。

具体表现在新材料、新技术和新型结构形式的采用。在新材料方面，包括混凝土空心砌块、硅酸盐和泡沫硅酸盐砌块、各种材料的大型墙板以及非承重空心砖的采用和不断改进；在新技术方面，包括振动砖墙板、各种配筋砌体（含预应力空心砖楼板）、预应力砖砌圆形水池及钢丝网水泥与砖砌体组合而成的圆水池等；在新型结构方面，包括各种形式的砖薄壳结构。

（3）具有中国特色的砌体结构设计理论的创立和发展。

根据大量的试验和调查研究的资料，于1973年形成并颁布了我国第一部《砖石结构设计规范》（GBJ3—1973），从而结束了我国长期沿用外国规范的历史。这本开创了我国结构设计先河的《砖石结构设计规范》（GBJ3—1973），提出了一系列适合我国国情的各种强度计算公式、偏心受压构件计算公式和考虑风荷载下砖砌体房屋空间工作的计算方法等。

1988年颁布的《砌体结构设计规范》（GBJ3—1988），其中内容涵盖了砌块结构。它的特点之一是采用了各种结构统一的以近似概率理论为基础的极限状态设计法，统一了各种砌体的强度计算公式，将偏心受压计算中的三个系数综合为一个系数，对局部受压的计算进行了较为合理的改进，提出了墙梁、挑梁计算的新方法，并将单层房屋的计算推广到多层房屋。

2001年颁布的《砌体结构设计规范》（GB 50003—2001），是在1988年颁布的《砌体结构设计规范》（GBJ3—1988）的基础上经过全面修订而成的。经过修订后的规范，根据近年来的研究成果，注入了近年发展起来的新型砌体材料的内容，并对原有的砌体结构设计方法作了适当的调整和补充，使砌体结构设计规范更为完善和先进。

2011年颁布的最新《砌体结构设计规范》（GB 50003—2011），是在2001年颁布的《砌体结构设计规范》（GB 50003—2001）的基础上进行部分修订而成的。与节能减排、墙材革新相呼应，增添了成熟可行的新型材料，对构造要求进行了加强。我国砌体结构的设计理论，以其鲜明的特点而位居世界先进行列。

0.3　砌体结构的优缺点及应用范围

0.3.1　砌体结构的优缺点

据有关统计资料表明，目前在我国各类房屋的墙体中，砌体结构占80%以上。即使在发达国家，砌体结构在墙体中所占的比重也超过了60%。砌体结构之所以在世界范围内得到如此广泛的应用，是与砌体这种建筑材料具有如下优点分不开的。

（1）取材方便。

天然的石料、配制砂浆的砂子、用来烧砖的黏土等，几乎遍地都是。这使得砌体结构的房屋造价低廉。

（2）具有良好的耐火、隔声、保温等性能。

砖墙房屋能调节室内湿度，具有良好的化学稳定性及大气稳定性，抗腐蚀性强，这就保证了砌体结构的耐久性。

（3）能节约三材。

与钢筋混凝土结构相比，砌体结构中水泥、钢材、木材（简称"三材"）的用量均大为减少。

（4）可连续施工。

因为新砌砌体既能承受一定的施工荷载，又不像混凝土结构那样在浇筑混凝土后需要有施工间隙。

（5）施工设备简单。

砌体结构的施工无需特殊的技术设备，因此能普遍推广使用。

不过，砌体结构还存在着下列缺点。

（1）自重大而强度不高，特别是抗拉、抗剪强度低。

砌体结构，特别是普通砌体结构，由于强度低而截面尺寸一般较大，材料用量多，运输量也大。同时，由于自重大，对基础和抗震均不利。

（2）砌筑工作量大。

因常常是手工操作，劳动强度高，施工进度也较慢。

（3）抗震性能差。

除了前述自重大的影响因素外，还由于砂浆与砖石等块体之间的黏结力弱，无筋砌体抗拉、抗剪强度低，延性差，因此其抗震性能低。

（4）烧制黏土砖占用农田，影响农业生产，污染环境。

0.3.2　砌体结构的应用范围

由于砌体结构的上述优点，故其应用范围较为广泛；另一方面，由于砌体结构本身存在的缺点，而又在某些方面限制了它的应用。

由于砌体结构的抗压承载力高，因此适于用作受压构件，如在多层混合结构房屋、外砖内浇结构体系中的竖向承重构件（墙和柱）。此外，采用砌体不但可以建造桥梁、隧道、挡土墙、涵洞等构筑物，还可以建造坝、堰、渡槽等水工结构及水池、水塔支架、料仓、烟囱等特种结构。在盛产石材的福建，人们用整块花岗石建造楼（屋）面板和梁柱以砌筑多层建筑。

由于传统砌体结构的程度不高，且具有整体性、抗震性能差等缺点，因此限制了它在高层建筑和地震区建筑中的应用。

0.4　砌体结构的发展趋势

为了充分利用砌体材料的优点并克服砌体结构的缺点，世界各国的砌体结构必将在以下几个方面得以改进和发展。

0.4.1　寻求轻质高强的砌体材料

块材强度和砂浆强度是影响砌体强度的主要因素。采用轻质高强的块材和高强度砂浆，对于减轻结构自重、扩大砌体结构的应用范围有着重要的意义。而要做到"轻质"，常常要在材料的孔洞率上做文章。空心砖的孔洞体积占砖的外轮廓所包围体积的百分率，称为孔洞率。为了扩大孔洞率，于是有了空心砖。我国填充墙用空心砖的空心率一般在40%左右。我国空心砖的产量占砖总量的75%左右。而国外空心砖的产量较高，如瑞士的空心砖产量占砖总产量的95%。

国外的高强度砖发展较快，一般砖的强度为 40～60 MPa，有的达到 160 MPa，甚至 200 MPa。而我国的砖的强度一般为 7.5～15 MPa，相差较大。高黏结强度砂浆的生产，在一些国家也发展较快。1978 年丹麦掺微硅粉制成的砂浆，其边长为 100 mm 立方体试块的抗压强度已达到 350 MPa。由于砖墙的抗震能力主要取决于砂浆的黏结强度，因此国外早已采用高黏结砂浆。我国砖混结构所占的比例在逐渐变小，因此研究开发廉价的高黏结砂浆用于扩大其应用范围，意义尤为重要。

0.4.2 加强配筋砌体结构的研究和应用

配筋砌体结构在很大程度上克服了传统砌体结构整体性差、抗震性能差的缺点，而在世界各国得以迅速发展。我国是一个多地震的国家，有三分之一的国土处于抗震设防烈度为 7 度及以上的地区，有一百多个大、中城市需要抗震设防。我国又是一个发展中国家，人口众多，用地十分紧张，因此发展抗震性能好、施工简单、造价较低的高层和中层配筋砌体结构体系对我国具有特别重要的意义。

0.4.3 利用工业废料发展混凝土小型砌体

在城市建设中，人们越来越多地利用工业废料，如粉煤灰、炉渣、煤矸石等，制作硅酸盐砖、加气硅酸盐砌块或煤渣混凝土砌块等。这样既处理了城市中的部分工业废料，又缓和了烧黏土砖与农业争地的矛盾。

0.4.4 采用大型墙板减轻砌墙的劳动强度

采用大型墙板作为承重的内墙或悬挂的外墙，可减轻墙体砌筑时繁重的体力劳动，采用各种轻质墙板作隔墙，还可以减轻砌体结构的自重。这有利于建筑工业化、施工机械化，从而加快建筑速度，保护农业用地。

第1章 砌体材料及砌体的力学性能

学习目标

1. 了解砌体所用材料的种类、强度等级及设计要求。
2. 了解砌体的组成、种类、强度、弹性模量等基本物理力学性能。
3. 重点掌握砌体受压破坏的全过程，理解影响抗压强度的主要因素，能正确采用砌体的各种强度指标。

1.1 构成砌体的材料

砌体结构由砖、石和砌块等块体材料用砂浆砌筑而成。砌体可作为房屋的基础、承重墙、过梁，甚至屋盖、楼盖等承重结构，也常作为房屋的隔墙等非承重结构，还可作为挡土墙、水池及烟囱等构筑物。

工程上分为无筋砌体结构、配筋砌体结构及约束砌体结构。无筋或配置非受力钢筋的砌体结构，称为无筋砌体结构。常用的无筋砌体结构有砖砌体、砌块砌体和石砌体结构。配置受力钢筋的砌体结构，称为配筋砌体结构。常用的配筋砌体结构构件有网状配筋砖砌体、组合砖砌体构件和配筋混凝土砌块砌体构件。通过竖向和水平钢筋混凝土构件约束砌体的结构，称为约束砌体结构。抗震设防的砌体房屋，按规定设置构造柱和圈梁的砌体结构体系就属于约束砌体的结构。它的受力性能介于无筋砌体结构和配筋砌体结构之间，其重要特点是提高了墙体延性，在地震作用下可使墙体裂而不倒。

因此，砌体材料有块体(砖、砌块、石材)、砂浆(包括普通砂浆和蒸压砖、混凝土砖、混凝土砌块的专用砌筑砂浆)、混凝土(包括混凝土砌块灌孔混凝土)和钢筋。

1.1.1 块体材料

我国目前常用的块体有下列几种。

1. 砖

它有烧结普通砖、烧结多孔砖、混凝土普通砖、混凝土多孔砖和非烧结硅酸盐砖，常简称为砖。

(1)烧结普通砖和烧结多孔砖。

烧结普通砖是由黏土、页岩、煤矸石或粉煤灰为主要原料，经过焙烧而成的实心或孔洞率不大于规定值且外形尺寸符合规定的砖。它分为烧结黏土砖、烧结页岩砖、烧结煤矸石砖、烧结粉煤灰砖等。

我国烧结普通砖的规格为 240 mm×115 mm×53 mm，重度一般在 16～19 kN/m³。这种砖广泛用于一般民用房屋结构的承重墙体及围护结构中，其强度高，耐久性、保温隔热性好，生产工艺简单，砌筑方便。按我国墙体材料革新的要求，烧结普通黏土砖已被列入限时、限地禁止使用的墙体材料。

以黏土、页岩、煤矸石或粉煤灰为主要原料，经焙烧而成、孔洞率在25%～35%，孔的尺寸小而数量多，主要用于承重部位的砖为烧结多孔砖，简称多孔砖。

烧结多孔砖在砖的厚度方向造成竖向孔洞以减轻砌体的自重。多孔砖可以具有不同的孔形、孔数、重度和孔洞率。烧结多孔砖与烧结普通砖相比具有许多优点：由于孔洞多，可节约黏土及制砖材料，少占农田；节省烧砖燃料和提高烧成速度；在建筑上可提高墙体隔热保温性能；在结构上可减轻自重，从而减小墙体重量，减轻基础的荷载。目前，多孔砖分为P型砖和M型砖，有三种规格，而未规定孔型及孔洞的位置，只规定孔洞率必须在25%～35%。这三种规格为KM1、KP1、KP2。其中字母K表示多孔，M表示模数，P表示普通。KM1的规格为190 mm×190 mm×90 mm，KM1配砖规格为190 mm×90 mm×90 mm，KP1的规格为240 mm×115 mm×90 mm，KP2的规格为240 mm×180 mm×115 mm（图1-1）。

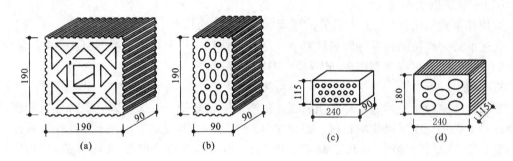

图1-1　多孔砖

烧结多孔砖在砌筑时，KP1及KP2规格的多孔砖还可以与烧结普通砖配合使用，可与同类辅助规格的多孔砖配合使用。

一般多孔砖重度为11～14 kN/m³；大孔洞多孔砖重度为9～11 kN/m³，其孔洞率可达40%～60%。一般多孔砖可作为房屋的承重墙和隔墙材料，而大孔洞多孔砖目前只用于隔墙。近年来多孔砖在我国已得到广泛的推广和应用。按我国墙体材料革新的要求，烧结黏土多孔砖属过渡性的墙体材料（我国有的城市已禁止使用）。

其强度等级有MU30、MU25、MU20、MU15和MU10（MU表示 Masonry Unit）。

(2)混凝土普通砖和混凝土多孔砖。

以水泥、骨料以及根据需要加入的掺合料、外加剂等，经加水搅拌、成型、养护制成的实心砖，称为混凝土普通砖，主规格及尺寸为240 mm×115 mm×53 mm。

以混凝土制成用于承重的多排孔混凝土砖，称为混凝土多孔砖。其孔洞率不小于30%，主规格尺寸为240 mm×115 mm×90 mm、190×190×90 mm。

其强度等级有MU30、MU25、MU20和MU15。

(3)蒸压灰砂普通砖和蒸压粉煤灰普通砖。

蒸压灰砂砖和蒸压粉煤灰砖属硅酸盐制品，又称为蒸压硅酸盐砖，它是以硅质材料和钙质材料为主要原料，掺加适量集料、石膏和外加剂，经坯料制备、多次排气压制成型、高压蒸汽养护而制成的砖。生产和推广应用这类砖不需黏土，且可大量利用工业废料，减少环境污染。其外形尺寸与上述烧结普通砖的相同，故称为蒸压灰砂普通砖和蒸压粉煤灰普通砖。

其强度等级有 MU25、MU20 和 MU15。

2.砌块

承重用的砌块主要有普通混凝土小型空心砌块和轻集料(骨料)混凝土小型空心砌块,是替代烧结普通黏土砖的主推承重块体材料,主规格外形尺寸为 390 mm×190 mm×90 mm。

(1)普通混凝土小型空心砌块和轻集料混凝土小型空心砌块。

普通混凝土小型空心砌块的空心率不小于 25%,且不大于 35%,主规格尺寸为 390 mm×190 mm×190 mm。

轻集料混凝土小型空心砌块的密度等级不大于 1400 kg/m³,砌块孔的排数有单排孔、双排孔、三排孔和四排孔,随着孔的排数的增多,其热工性能、隔声性能有明显的提高。砌块主规格尺寸为 390 mm×190 mm×190 mm。

其强度等级有 MU20、MU15、MU10、Mu7.5 和 MU5。

(2)加气混凝土砌块。

可用作围护结构材料,具有良好的保温隔热性能,重度在 10 kN/m³ 以下。

前述的砖和砌块的强度等级是针对承重结构而言的,对于非承重墙的空心砖、轻集料混凝土砌块的强度等级应为 MU10、MU7.5、MU5 和 MU3.5。

3.石材

石材主要来源于重质岩石和轻质岩石,在产石地区充分利用这一天然资源比较经济,但石砌体中应选用无明显风化的石材。石材按其加工后的外形规则程度,分为料石和毛石。料石中又分有细料石、粗料石和毛料石。毛石的形状不规则,但要求其中部厚度不小于200 mm。石材的强度等级有 MU100、MU80、MU60、MU50、MU40、MU30 和 MU20 共七个。

4.砌体结构对块材的基本要求

(1)砌体所用块材应具有足够的强度,以保证砌体结构的承载力。

(2)砌体所用块材应有良好的耐久性能,以保证砌体结构在正常使用时满足使用功能的要求。

(3)砌体所用块材应具有保温隔热性能,以满足房屋的热工性能。

1.1.2 砂浆

砂浆是由胶结材料和砂子加水拌和而成的混合材料。砂浆的作用是将块材(砖、石、砌块)按一定的砌筑方法黏结成整体而共同工作。同时,砂浆填满块体表面的间隙,使块体表面应力均匀分布。由于砂浆填补了块体间的缝隙,减少了透气性,故可提高砌体的保温性能及防火、防冻性。

1.砂浆的分类及强度等级

砂浆按其组成成分可分为三种。

(1)纯水泥砂浆。

由水泥和砂加水拌制而成,不加塑性掺合料,又称刚性砂浆。这种砂浆强度高、耐久性好,但和易性、保水性和流动性差,水泥用量大,适于砌筑对强度要求较高的潮湿环境下的砌体。

(2)混合砂浆。

在水泥砂浆中加入适量塑性掺合料拌制而成,如水泥石灰砂浆、水泥黏土砂浆等。这种砂浆水泥用量减少,砂浆强度降低 10%~15%,但砂浆和易性好、保水性好、砌筑方便。砌体强度可提高 10%~15%,同时节约了水泥,适用于一般墙、柱砌体的砌筑,但不宜用于潮湿环境中的砌体。

(3)非水泥砂浆。

即不含水泥的砂浆,如石灰砂浆、黏土砂浆、石膏砂浆。这类砂浆强度较低,耐久性较差,常用于砌筑简易或临时性建筑的砌体。

砂浆的强度等级是以用标准方法制作的 70.7 mm 的砂浆立方体在标准条件下养护 28d,经抗压试验所测得的抗压强度平均值来确定的。

砂浆的强度等级以符号"M"来表示,分为 M15、M10、M7.5、M5 和 M2.5 五个强度等级。

当验算施工阶段尚未硬化的新砌体强度或在冻结法施工解冻时,可按砂浆强度为零来确定。当砂浆强度在两个等级之间时,采用相邻较低值。

对于非烧结块材砌体,采用传统的普通砂浆砌筑,砌体质量难以保证。而采用专用砌筑砂浆,其和易性好、黏结强度高,可使砌体灰缝饱满,整体性好,减少墙体开裂和渗漏。因此,专门用于砌筑某种块体材料(混凝土砖、混凝土砌块、蒸压硅酸盐砖)砌体,能有效提高其工作性、黏结性及砌体力学性能的砂浆,称为专用砌筑砂浆。

对专门用于砌筑混凝土砖和混凝土砌块的砂浆用 Mb(b 表示 brick,block)标记,强度等级有 Mb20、Mb15、Mb10、Mb7.5 和 Mb5,其抗压强度与相应的普通砌筑砂浆的抗压强度相等。

对专门用于砌筑蒸压硅酸盐砖的砂浆用 Ms(s 表示 sihcate)标记,强度等级有 Ms15、Ms10、Ms7.5 和 Ms5,其抗压强度也与相应的普通砌筑砂浆的抗压强度相等。

2. 砌体对砂浆的基本要求

(1)砂浆应具有足够的强度和耐久性。

(2)砂浆应具有一定的可塑性,以便于砌筑,提高生产率,保证质量,提高砌体强度。

(3)砂浆应具有足够的保水性,以保证砂浆正常硬化所需要的水分。

1.1.3 混凝土、钢筋

砌体结构中采用的混凝土和钢筋的强度等级及强度指标,可查阅《混凝土结构设计规范》(GB 50010—2010)。混凝土小型空心砌块砌体需灌孔时,应采用专用的混凝土,即采用混凝土小型空心砌块灌孔混凝土。它由水泥、集料、水以及根据需要掺入的掺合料和外加剂等,按一定的比例,采用机械搅拌制成,用于浇筑混凝土小型空心砌块砌体的芯柱或其他需要填实部位的孔洞。它是一种高流动性和低收缩的细石混凝土,使砌块建筑的整体工作性能、抗震性能及承受局部荷载的能力等有明显的改善和提高。混凝土小型空心砌块灌孔混凝土的强度等级有 Cb40、Cb35、Cb30、Cb25 和 Cb20,但其抗压强度与相应的 C40、C35、C30、C25 和 C20 混凝土的抗压强度指标相等。

1.2 砌体的种类

砌体是由砖、石和砌块等材料按一定排列方式用砂浆砌筑而成的整体。按受力情况可分为承重砌体与非承重砌体;按砌筑方法分为实心砌体与空心砌体;按材料分为砖砌体、砌块砌体及石砌体；按是否配有钢筋分为无筋砌体与配筋砌体。

1.2.1　无筋砌体

1.砖砌体

一般砖砌体常用于内外墙、柱及基础等承重结构和围护墙及隔断墙等非承重结构中。一般多为实心砌体，砌筑方式有一顺一丁、梅花丁、三顺一丁（图1-2）。试验表明，按以上方式砌筑的砌体抗压强度相差不大。

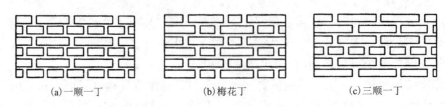

(a)一顺一丁　　　　　(b)梅花丁　　　　　(c)三顺一丁

图1-2　砖砌体的砌筑方法

为了符合砖的模数，砖砌体构件的尺寸一般取240 mm（1砖）、370 mm（$1\frac{1}{2}$砖）、490 mm（2砖）、620 mm（$2\frac{1}{2}$砖）及740 mm（3砖）等。有时为了节约材料，实心砖墙体厚度也可按1/4砖长的倍数采用，可构成180 mm、300 mm、420 mm等尺寸。多孔砖也可砌成90 mm、180 mm、190 mm、240 mm、290 mm及390 mm厚度的墙体。这种墙厚的缺点是，砌筑时需要砍砖。

空心砌体一般是将砖立砌成两片薄壁，以丁砖相连，中间留有空腔，也可在空腔内填充松散材料或轻质材料。这种砌体自重小、热工性能好。如空斗墙，是我国古老、传统的结构形式，这种墙体节省砖22%～38%和砂浆50%，造价降低30%～40%，但其整体性和抗震性能较差。在非地震区可作1～3层小开间民用房屋的墙体，常采用一眠一斗、一眠多斗或无眠空斗墙的砌筑方法（图1-3）。设计时应满足有关构造要求。

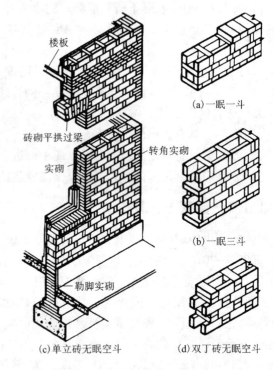

(a)一眠一斗

(b)一眠三斗

(c)单立砖无眠空斗　　　(d)双丁砖无眠空斗

图1-3　空斗墙砌式示意图

在砖砌体施工中为确保质量，应防止强度等级不同的砖混用，严格遵守施工规范，使配制的砂浆强度符合设计强度的要求。否则，将会引起砌体强度的降低。

2. 砌块砌体

由砌块和砂浆砌筑而成的整体称为砌块砌体。砌块砌体的使用决定于砌块的材料及大小。大型砌块尺寸一般为高度大于 980 mm，中型砌块尺寸一般为 880 mm×380 mm、430 mm×200 mm、240 mm 厚；小型混凝土空心砌块主规格尺寸一般为 390 mm×190 mm×190 mm。

大型砌块尺寸大，便于生产工厂化、施工机械化，有利于提高劳动生产率，加快施工进度，但对企业生产设备和施工能力要求较高。中型砌块尺寸较大，适于机械化施工，可提高劳动生产率，但其型号少，使用不够灵活；小型砌块尺寸较小，型号多，适用范围广，但施工时手工操作量大，生产效率低。

砌块墙体设计中，砌块排列要求有规律性，应使砌块类型最少、排列整齐，尽量减少通缝，使得砌筑牢固。

3. 石砌体

由石材和砂浆或混凝土砌筑而成的整体称为石砌体。石砌体根据石材的种类又分为料石砌体、毛石砌体、毛石混凝土砌体(图 1-4)。

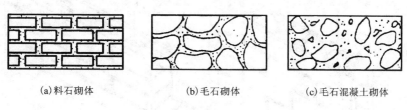

(a)料石砌体   (b)毛石砌体   (c)毛石混凝土砌体

图 1-4 石砌体

在产石山区，石砌体应用较为广泛，它可用作一般民用房屋的承重墙、柱和基础，还用作建造拱桥、坝和涵洞等构筑物。

1.2.2 配筋砌体

如采用砌体构件，当荷载较大时，将导致构件截面较大或强度不足。因此，可在砌体内不同的部位以不同方式配置钢筋或浇注钢筋混凝土，以提高砌体的抗压强度和抗拉强度，这种砌体被称为配筋砌体。

1. 横向配筋砌体

在砖砌体的水平灰缝内配置钢筋网，称为网状配筋砖砌体或横向配筋砖砌体[图 1-5(a)]。

2. 组合砖砌体

由砖砌体和钢筋混凝土或钢筋砂浆构成的砌体称为组合砖砌体。通常将钢筋混凝土或钢筋砂浆做面层[图 1-5(b)]，可用作承受偏心压力(偏心距较大)的墙、柱。而在墙体的转角和交接处设置钢筋混凝土构造柱[图 1-5(c)]，也是一种组合砖砌体，它能提高一般多层混合结构房屋的抗震能力。

国外的配筋砌体一般是在砌块或组砌的空洞内配置竖向钢筋，在水平灰缝内设置成桁架形状的配筋，如图 1-6(a)、(b)所示。配筋砌体结构是一种有竞争力的新型结构。

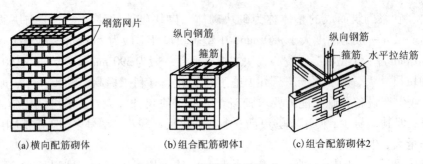

(a)横向配筋砌体　　　　(b)组合配筋砌体1　　　　(c)组合配筋砌体2

图1-5　配筋砌体的形式

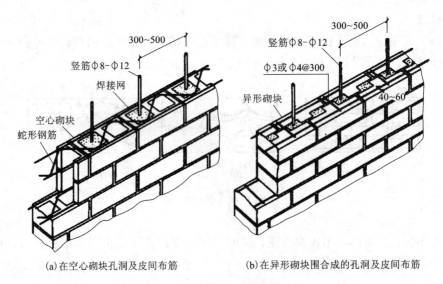

(a)在空心砌块孔洞及皮间布筋　　　　(b)在异形砌块围合成的孔洞及皮间布筋

图1-6　国外配筋砌体的形式

1.2.3　砌体的选用原则

在进行砌体结构设计时,应根据各类砌体的不同特点,按以下原则选用。

(1)因地制宜,就地取材。

应根据当地砌体材料的生产供应情况,选择适当的砌体材料,尽量满足经济性要求。

(2)满足强度要求。

多层砌体房屋宜选择重度小、强度高、砌筑整体性好的砌体种类,以满足结构承载力的要求。

(3)满足使用要求和耐久性要求。

砌体材料选用应考虑地区的特点,对于炎热或寒冷地区,砌体应具有较好的保温隔热性能并满足抗冻性要求;在潮湿环境下砌体材料应有较好的耐久性。

(4)满足当地施工技术能力。

选用砌体材料,还应考虑该种材料在当地的应用程度、当地施工单位的技术条件和水平。

1.3　无筋砌体的受压性能

1.3.1　无筋砌体破坏的三个阶段

砖砌体是由单块砖以砂浆黏结而成的整体。它的受压工作与匀质的整体构件有很大差别。试验表明,砖砌体受压时从加荷到破坏,按照裂缝的出现和发展特点,大致可划分为三个受力阶段,如图 1-7 所示。

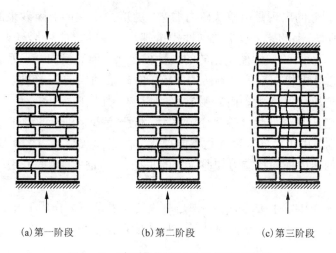

(a)第一阶段　　　　　(b)第二阶段　　　　　(c)第三阶段

图 1-7　砖砌体标准试件受压破坏过程

第一阶段:在荷载作用下,砌体受压,当荷载增加至破坏荷载的 50%~70% 时,由于砌体中的单块砖处于较复杂的拉、弯、剪的复合应力作用下,使得砌体内出现第一条(批)裂缝。

第二阶段:继续加载,随着压力的增加,单块砖内的裂缝不断发展,并沿竖向形成连续的贯穿若干皮砖的裂缝,同时有新的裂缝产生。此时,若停止加荷,裂缝仍将继续发展,砌体此时已临近破坏,处于危险状态。这时的荷载为破坏荷载的 80%~90%。

第三阶段:随荷载继续增加,砌体中裂缝发展迅速,逐渐加长加宽形成若干条连续的贯通整个砌体的裂缝,而将砌体分成若干个 1/2 砖的小立柱,最后小立柱发生失稳破坏(个别砖可能被压碎),整个砌体构件随之破坏,在此过程中,可看到砌体很明显地向外鼓出。

在砌块砌体中,小型砌块的尺寸与砖的尺寸相近,砌体的破坏特征与砖砌体的受压破坏特征类似。中型砌块,尺寸较大,砌体受压后裂缝的出现较晚,一旦开裂,便可形成一条主裂缝而呈劈裂破坏状态。显然,对中型砌块砌体,出现第一条裂缝时的压力与破坏时的压力很接近。

1.3.2　单块砖在砌体中的受力特点

对砌体试件可以观察到,由于砌体内灰缝厚度不均匀,砂浆也不一定饱满和密实,砖的表面也不完全平整和规则。因此,砂浆层与砖石表面不能很理想地均匀接触和黏结。当砌体受压时，砌体中的砖并非单纯地均匀受压，而是处于受压、受弯、受剪等复杂的受力状态之下（图1-8）。

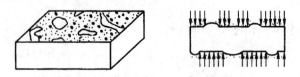

图1-8 砌体内砖的受力状态示意图

砌体中第一批裂缝的出现是由单块砖内的弯、剪应力引起的。因砂浆的弹性性质，砖可视为作用在"弹性地基"上的梁，砂浆的弹性模量越小，砖的弯曲变形越大，砖内产生的弯、剪应力也越高。由于砂浆的弹性模量比砖的弹性模量小，而其横向变形系数却比砖的大，因而在压力作用下，砂浆的横向变形受到砖的约束，使砂浆的横向变形减小，砂浆处于三向受压的状态，砂浆的抗压强度增大。而砖受砂浆的影响，其横向变形增大，砖内产生拉应力，加快了单砖内的裂缝出现。低强度砂浆变形率大，低强度砂浆砌筑的砌体裂缝出现也较早。

此外，在砌筑时，由于竖向灰缝往往不能填满，在竖向灰缝处将产生应力集中现象。因此，在竖向灰缝处的砖内横向拉应力和剪应力的集中，又加快了砖的开裂，导致砌体强度的降低。

由此可见，砌体受压发生破坏时，首先是单块砖在复杂应力作用下开裂，到最后破坏时，砖的抗压强度也没有充分发挥，从而砌体的抗压强度远低于单块砖的抗压强度。

1.3.3 影响砌体抗压强度的因素

砌体是一种复合材料，又具有一定的塑性变形性质，因此影响其抗压强度的因素有很多，其主要因素有块体和砂浆的强度、弹塑性性质、灰缝厚度及砌体的砌筑质量、块体的外形尺寸、砖的含水率、试验方法等，现分析如下。

1. 块体和砂浆的强度

试验表明，块体和砂浆的强度高，砌体的抗压强度也高。国外一项研究资料表明：提高砌体的抗压强度，要优先考虑提高块体的强度，因为砂浆对砌体强度的影响不如块体对砌体强度的影响明显；而在考虑提高块体强度时，应首选提高块体的抗弯强度，因为提高块体抗压强度对砌体的影响不如提高块体抗弯强度明显。该项资料显示：一组试件的砖抗压强度为20.9 MPa，抗弯强度为1.9 MPa，砂浆抗压强度为12.4 MPa，测得其砌体抗压强度为2.5 MPa。另一组试件的砖抗压强度为17.4 MPa，抗弯强度为3.2 MPa，砂浆抗压强度为11.3 MPa，测得其砌体抗压强度为3.6 MPa。

因此，材料验收规范中规定，一定强度的砖，必须有相应的抗弯强度。当砖的抗弯强度符合标准时，砌体强度随砖和砂浆强度等级的提高而提高。

2. 砂浆的弹塑性性质

砂浆具有明显的弹塑性性质，其弹性模量、可塑性（和易性）对砌体亦有较大的影响。砂浆的弹性模量小，变形率大；砂浆的可塑性好，铺砌时易于铺平，保证水平灰缝的均匀性，可减小砖内的复杂应力，使砌体强度提高。但砂浆的可塑性过大、弹性模量过小或强度过低，都会增大砂浆受压的横向变形，对单块砖产生不利的拉应力而使得砌体抗压强度降低。因此，砂浆抗压强度较高，而可塑性又适当，弹性模量大，则砌体的抗压强度较高。

3. 灰缝厚度及砌筑质量的影响

砌筑质量好坏的标志之一是水平灰缝的均匀性与饱满度，两者对砌体抗压强度影响较大。试验研究表明，当饱满度达80%以上时，砌体抗压强度高于规范值约10%。灰缝厚度要薄而均匀，标准厚度为10～12 mm。同时，在保证质量的前提下，快速砌筑能使砌体硬化前就受压，可增加水平灰缝的密实性，有利于提高砌体的抗压强度。

4. 砖的外形尺寸的影响

砖的尺寸、外形规则程度及表面平整程度不同，将导致灰缝厚度的不均匀性。如厚度较大、砖长过长、表面的凹凸，都将使其受弯、剪作用增大，使砌体过早破坏。砖愈规则、平整，砌体的抗压强度也愈高。

5. 砖的含水率的影响

湖南大学的试验指出：把含水率为10%的砖砌筑砌体强度取为1，则干燥的砖，其砌体强度为0.8。可见，施工中对砖湿水很重要，但过湿易导致墙面流浆，砖的最佳含水率应为8%～10%。

6. 试验方法的影响

砌体的抗压强度与试验方法及龄期有关。试件的尺寸、形状和加载方法不同，所得抗压强度也不同。随龄期的增长，砌体的强度也提高。加载速度高，所测得砌体强度也高。在长期荷载效应组合作用下，砌体的抗压强度还会有所降低。

1.3.4　砌体的抗压强度设计值

1. 各类砌体抗压强度平均值 f_m

近年来对各类砌体抗压强度的试验研究表明，各类砌体轴心抗压强度平均值，主要取决于块体的抗压强度平均值 f_1，其次是砂浆的抗压强度平均值 f_2。f_1、f_2 越大，砌体轴心抗压强度平均值越高。

2. 各类砌体轴心抗压强度标准值 f_k

对各类砌体轴心抗压强度标准值 f_k，其保证率为95%，可由式（1 - 1）确定

$$f_k = f_m - 1.645\delta_f \tag{1 - 1}$$

式中：δ_f——砌体强度的标准差，对各种砖、砌块及毛料石取 $0.17f_m$，对毛石取 $0.2f_m$。

3. 各类砌体的抗压强度设计值

砌体结构在设计与验算时，为保证有相应足够的可靠概率，抗压强度设计值 f 按式（1 - 2）确定

$$f = \frac{f_k}{\gamma_f} \tag{1 - 2}$$

式中：γ_f——砌体结构的材料性能分项系数，对无筋砌体取 $\gamma_f = 1.6$。

龄期为28d的以毛截面计算的各类砌体抗压强度设计值，当施工质量控制等级为B级时，应根据块体和砂浆的强度等级分别按表1 - 1～表1 - 7采用。

表 1-1　烧结普通砖和烧结多孔砖砌体的抗压强度设计值　　　/MPa

砖强度等级	砂浆强度等级					砂浆强度
	M15	M10	M7.5	M5	M2.5	0
MU30	3.94	3.27	2.93	2.59	2.26	1.15
MU25	3.6	2.98	2.68	2.37	2.06	1.05
MU20	3.22	2.67	2.39	2.12	1.84	0.94
MU15	2.79	2.31	2.07	1.83	1.60	0.82
MU10	—	1.89	1.69	1.50	1.30	0.67

注：当烧结构多孔砖的孔洞率大于30%时，表中数值应乘以0.9。

表 1-2　混凝土普遍砖和混凝土多孔砖的抗压强度设计值　　　/MPa

砖强度等级	砂浆强度等级					砂浆强度
	Mb20	Mb15	Mb10	Mb7.5	Mb5	0
MU30	4.61	3.94	3.27	2.93	2.59	1.15
MU25	4.21	3.60	2.98	2.68	2.37	1.05
MU20	3.77	3.22	2.67	2.39	2.12	0.94
MU15	—	2.79	2.31	2.07	1.83	0.82

表 1-3　蒸压灰砂砖和蒸压粉煤灰砖砌体的抗压强度设计值　　　/MPa

砖强度等级	砂浆强度等级				砂浆强度
	M15	M10	M7.5	M5	0
MU25	3.60	2.98	2.68	2.37	1.05
MU20	3.22	2.67	2.39	2.12	0.94
MU15	2.79	2.31	2.07	1.83	0.82

注：当采用专用砂浆砌筑时，其抗压强度设计值按表中相应强度的数值采用。

表 1-4　单排孔混凝土和轻骨料混凝土砌块对孔砌筑砌体的抗压强度设计值　　　/MPa

砌块强度等级	砂浆强度等级					砂浆强度
	Mb20	Mb15	Mb10	Mb7.5	Mb5	0
MU20	6.30	5.68	4.95	4.44	3.94	2.33
MU15	—	4.61	4.02	3.61	3.20	1.89
MU10	—	—	2.79	2.50	2.22	1.31
MU7.5	—	—	—	1.93	1.71	1.01
MU5	—	—	—	—	1.19	0.70

注：①对独立柱或厚度为双排组砌的砌块砌体，应按表中数值乘以0.7；
②对 T 型截面墙体、柱，应按表中数值乘以0.85。

18

表 1-5　双排孔或多排孔轻集料混凝土砌块砌体的抗压强度设计值　　　　　/MPa

砌块强度等级	砂浆强度等级			砂浆强度
	Mb10	Mb7.5	Mb5	0
MU10	3.08	2.76	2.45	1.44
MU7.5	—	2.13	1.88	1，12
MU5	—	—	1.31	0.78
MU3.5	—	—	0.95	0.56

注：①表中的砌块为火山灰、浮石和陶粒轻集料混凝土砌块；
②对厚度方向为双排组砌的轻集料混凝土砌块砌体的抗压强度设计值，应按表中数值乘以 0.8。

表 1-6　毛料石砌体的抗压强度设计值　　　　　　　　　　　　　　　/MPa

毛料石强度等级	砂浆强度等级			砂浆强度
	M7.5	M5	M2.5	0
MU100	5.43	4.80	4.18	2.13
MU80	4.85	4.29	3.73	1.91
MU60	4.20	3.71	3.23	1.65
MU50	3.83	3.39	2.95	1.51
MU40	3.43	3.04	2.64	1.35
MU30	2.97	2.63	2.29	1.17
MU20	2.42	2.15	1.87	0.95

注：细料石砌体、粗料石砌体和干砌勾缝石砌体，表中数值应分别乘以调整系数 1.4、1.2 和 0.8。

表 1-7　毛石砌体的抗压强度设计值　　　　　　　　　　　　　　　/MPa

毛石强度等级	砂浆强度等级			砂浆强度
	M7.5	M5	M2.5	0
MU100	1.27	1.12	0.98	0.34
MU80	1.13	1.00	0.87	0.30
MU60	0.98	0.87	0.76	0.26
MU50	0.90	0.80	0.69	0.23
MU40	0.80	0.71	0.62	0.21
MU30	0.69	0.61	0.53	0.18
MU20	0.56	0.51	0.44	0.15

单排孔混凝土砌块对孔砌筑时，灌孔砌体的抗压强度设计值 f_g 应按下列方法确定。

（1）混凝土砌块砌体的灌孔混凝土强度等级不应低于 Cb20，且不应低于 1.5 倍的块体强度等级。灌孔混凝土强度指标取同强度等级的混凝土强度指标。

（2）灌孔混凝土砌块砌体抗压强度设计值 f_g 应按下列公式计算。

$$f_g = f + 0.6\alpha f_c \tag{1-3}$$

$$\alpha = \delta \rho \tag{1-4}$$

式中：f_g——灌孔混凝土砌块砌体的抗压强度设计值，该值不应大于未灌孔混凝土砌块砌体的抗压强度设计值的 2 倍；

f——未灌孔混凝土的轴心抗压强度设计值，应按表 1-4 采用；

f_c——灌孔混凝土砌块砌体的抗压强度设计值；

α——混凝土砌块砌体中灌孔混凝土面积与砌体毛面积的比值；

δ——混凝土砌块的孔洞率；

ρ——混凝土砌块砌体的灌孔率，系截面灌孔混凝土面积与截面孔洞面积的比值，且不应小于 33%。

块体高度为 180～350 mm 的毛料石砌体的抗压强度设计值应按表 1-6 采用。

1.4 砌体的轴心受拉、受弯和受剪性能

砌体构件一般常用来承受竖向荷载，即做受压构件，但有时也用来承受轴心拉力、弯矩和剪力，如水池、过梁和挡土墙等。

砌体抗拉和抗剪强度远远低于其抗压强度。抗压强度主要取决于块体的强度，而在大多数情况下，受拉、受弯和受剪破坏一般均发生于砂浆和块体的连接面上。因此，抗拉、抗弯和抗剪强度取决于砂浆和块体的黏结强度，即与砂浆强度大小直接有关。

砌体受拉、受弯和受剪破坏一般有下述三种形态。

（1）砌体沿水平通缝截面破坏。

（2）砌体沿齿缝截面破坏。

（3）砌体沿竖缝及砖石截面破坏。

龄期为 28d 的以毛截面计算的各类砌体的轴心抗拉强度设计值、弯曲抗拉强度设计值和抗剪强度设计值，当施工质量控制等级为 B 级时，应按表 1-8 采用。

单排孔混凝土砌块对孔砌筑时，灌孔砌体的抗剪强度设计值 f_{vg} 应按式（1-5）计算：

$$f_{vg} = 0.2 f_g^{0.55} \tag{1-5}$$

式中：f_g——灌孔砌体的抗压强度设计值（MPa），按式（1-3）计算。

下列情况的各类砌体，其砌体强度设计值应乘以调整系数 γ_a。

（1）对于无筋砌体构件，其截面面积 $A < 0.3$ m² 时，$\gamma_a = 0.7 + A$；对于配筋砌体构件，当砌体截面面积 $A < 0.2$ m² 时，$\gamma_a = 0.8 + A$。

（2）当砌体用强度等级小于 M5.0 的水泥砂浆砌筑时，对表 1-1～表 1-7 中的抗压强度设计值取 $\gamma_a = 0.9$；对表 1-8 中砌体轴心抗拉强度设计值 f_t、弯曲抗拉强度设计值 f_{tm} 和抗剪强度设计值 f_v 取 $\gamma_a = 0.8$。

（3）当验算施工中房屋的构件时，$\gamma_a = 1.1$。

（4）当施工质量控制等级为 C 级时，$\gamma_a = 0.89$；当施工质量控制等级为 A 级时，$\gamma_a = 1.05$。有几种情况同时出现时，其调整系数应连乘。

表 1-8　砌体轴心抗拉强度设计值 f_t、弯曲抗拉强度设计值 f_{tm} 和抗剪强度设计值 f_v　/MPa

强度类别	破坏特征及砌体种类		砂浆强度等级			
			≥M10	M7.5	M5	M2.5
轴心抗拉 f_t	沿齿缝	烧结普通砖、烧结多孔砖	0.19	0.16	0.13	0.09
		混凝土普通砖、混凝土多孔砖	0.19	0.16	0.13	—
		蒸压灰砂普通砖、蒸压粉煤灰普通砖	0.12	0.10	0.08	—
		混凝土和轻集料混凝土砌块	0.09	0.08	0.07	—
		毛石	—	0.07	0.06	0.04
弯曲抗拉 f_{tm}	沿齿缝	烧结普通砖、烧结多孔砖	0.33	0.29	0.23	0.17
		混凝土普通砖、混凝土多孔砖	0.33	0.29	0.23	—
		蒸压灰砂普通砖、蒸压粉煤灰普通砖	0.24	0.20	0.16	—
		混凝土和轻集料混凝土砌块	0.11	0.09	0.08	—
		毛石	—	0.11	0.09	0.07
	沿通缝	烧结普通砖、烧结多孔砖	0.17	0.14	0.11	0.08
		混凝土普通砖、混凝土多孔砖	0.17	0.14	0.11	—
		蒸压灰砂普通砖、蒸压粉煤灰普通砖	0.12	0.10	0.08	—
		混凝土和轻集料混凝土砌块	0.08	0.06	0.05	—
抗剪 f_v	烧结普通砖、烧结多孔砖		0.17	0.14	0.11	0.08
	混凝土普通砖、混凝土多孔砖		0.17	0.14	0.11	—
	蒸压灰砂普通砖、蒸压粉煤灰普通砖		0.12	0.10	0.08	—
	混凝土和轻集料混凝土砌块		0.09	0.08	0.06	—
	毛石		—	0.19	0.16	0.11

注：①对于用形状规则的块体砌筑的砌体，当搭接长度与块体高度的比值小于 1 时，其轴心抗拉强度设计值 f_t 和弯曲抗拉强度设计值 f_{tm} 应按表中数值乘以搭接长度与块体高度比值后采用；

②表中数值是依据普通砂浆砌筑的砌体确定，采用经研究性试验且通过技术鉴定的专用砂浆砌筑的蒸压灰砂普通砖、蒸压粉煤灰普通砖砌体，其抗剪强度设计值按相应普通砂浆强度等级砌筑的烧结普通砖砌体采用；

③对混凝土普通砖、混凝土多孔砖、混凝土和轻集料混凝土砌块砌体，表中的砂浆强度等级分别为：≥Mb10、Mb7.5 及 Mb5。

1.5　砌体的弹性模量、剪变模量和线膨胀系数

1.5.1　砌体弹性模量

由于砌体为弹塑性材料,受压时,随着压应力的增加砌体应变增加,应变增长速度较应力增加快,应力-应变关系呈曲线性质。根据砖砌体的受压试验结果,应力-应变曲线如图1-9所示。

砌体受压时,弹性模量有三种表示方法(图1-10)。

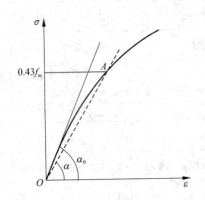

图1-9　砌体轴心受压应力-应变曲线

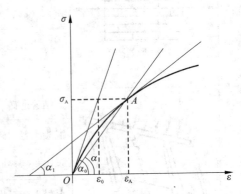

图1-10　砌体受压变形模量的表示方法

(1)初始弹性模量。在应力-应变曲线的原点作切线,其斜率称为初始弹性模量,即

$$E_0 = \frac{\sigma_A}{\varepsilon_A} = \tan\alpha_0 \qquad (1-6)$$

(2)切线弹性模量。在σ-ε曲线上任意点A作切线,其应力增量与应变增量之比即为A点切线模量,即

$$E_t = \frac{\mathrm{d}\sigma_A}{\mathrm{d}\varepsilon_A} = \tan\alpha_1 \qquad (1-7)$$

(3)割线模量。在应力-应变曲线上由原点过任意点A作割线,其斜率即为割线模量,即

$$E = \frac{\sigma_A}{\varepsilon_A} = \tan\alpha \qquad (1-8)$$

在实际应用上,为反映砌体在一般受力情况下的工作状态,取$\sigma = 0.43f_m$时的割线模量(或变形模量)作为砌体的弹性模量。其大小与砌体类型、砂浆强度等级及砌体抗压强度设计值f有关。设计时可按表1-9采用。

单排孔且对孔砌筑的混凝土砌块灌孔砌体的弹性模量应按式(1-9)计算:

$$E = 2000f_g \qquad (1-9)$$

式中:f_g——灌孔砌体的抗压强度设计值。

表 1 - 9　砌体的弹性模量　　　　　　　　　　　　　　　　　　　　　/MPa

砌体种类	砂浆强度等级			
	≥M10	M7.5	M5	M2.5
烧结普通砖、烧结多孔砖	1600f	1600f	1600f	1390f
混凝土普通砖、混凝土多孔砖	1600f	1600f	1600f	—
蒸压灰砂普通砖、蒸压粉煤灰普通砖	1000f	1060f	1060f	—
非灌孔混凝土砌块砌体	1700f	1600f	1500f	—
粗料石、毛料石、毛石砌体	—	5650	4000	2250
细料石砌体	—	17000	12000	6700

注：①轻集料混凝土砌块的弹性模量，可按表中混凝土砌块砌体的弹性模量采用；

②表中砌体抗压强度设计值 f 不用考虑 γ_a 的调整系数；

③表中砂浆为普通砂浆，采用专用砂浆砌筑的砌体的弹性模量也按此表取值；

④对混凝土普通砖、混凝土多孔砖、混凝土和轻集料混凝土砌块砌体，表中的砂浆强度等级分别为：≥Mb10、Mb7.5 及 Mb5；

⑤对蒸压灰砂普通砖和蒸压粉煤灰普通砖砌体，当采用专用砂浆砌筑时，其强度设计值按表中数值采用。

1.5.2　砌体剪变模量

根据材料力学公式，剪变模量为 G，则

$$G = \frac{E}{2(1+\upsilon)} \qquad (1-10)$$

式中：υ——砌体的泊松比，一般砖砌体为 $0.1 \sim 0.2$，砌块砌体为 0.3。

计算结果为 $G = (0.38 \sim 0.43)E$，近似取 $G = 0.4E$。

1.5.3　砌体线膨胀系数 α_T

砌体的线膨胀系数（α_T）和收缩系数列于表 1 - 10 供选用。

表 1 - 10　砌体的线膨胀系数和收缩系数

砌体类别	线膨胀系数/($10^{-6} \cdot ℃^{-1}$)	收缩系数/($mm \cdot m^{-1}$)
烧结普通砖、烧结多孔砖砌体	5	-0.1
混凝土普通砖、混凝土多孔砖、混凝土砌块砌体	10	-0.2
蒸压灰砂普通砖、蒸压粉煤灰普通砖砌体	8	-0.2
轻集料混凝土砌块砌体	10	-0.3
料石和毛石砌体	8	—

注：表中的收缩系数系指由达到收缩允许标准的块体砌筑 28d 的砌体收缩系数；当地若有可靠的砌体收缩试验数据时，亦可采用当地的试验数据。

1.5.4 摩擦系数 μ

砌体和常用材料的摩擦系数(μ)列于表 1 – 11 供选用。

表 1 – 11 砌体和常用材料的摩擦系数

材料类别	摩擦面情况	
	干燥	潮湿
砌体沿砌体或混凝土滑动	0.70	0.60
砌体沿木材滑动	0.60	0.50
砌体沿钢滑动	0.45	0.35
砌体沿砂或卵石滑动	0.60	0.50
砌体沿粉土滑动	0.55	0.40
砌体沿黏性土滑动	0.50	0.30

本章小结

1. 块材和砂浆可分为不同的种类，每一种类有着各自不同的特点，适用于不同的情况。块材和砂浆的强度等级主要是以其抗压强度的平均值来划分的。

2. 砌体的种类有无筋砌体、配筋砌体。不同种类的砌体具有不同的特点，选用时，应本着因地制宜、就地取材的原则，根据建筑物荷载的大小和性质，并满足建筑物的使用要求和耐久性等方面的要求，合理选用。

3. 砖砌体轴心受压破坏过程可分为三个阶段，在不同阶段，裂缝的开展情况有所不同。砖砌体抗压强度明显低于它所用砖的抗压强度，这是因为砖砌体中的砖是处于压、弯、剪、拉复合应力状态。

4. 砌体的轴心受拉、弯曲受拉、受剪时分别有不同的破坏形态。其轴心抗拉、弯曲抗拉受剪强度均低于砌体抗压强度。

5. 砌体强度标准值是取具有95%保证率的强度值，砌体强度的设计值为砌体强度标准值除以材料强度分项系数 γ_f，取 $\gamma_f = 1.6$。

6. 在实际工程中，取压应力 $\sigma = 0.43 f_m$ 的割线模量作为砌体的受压弹性模量。

思考题答案

思考题

1. 在砌体中，砂浆有什么作用？砖与砂浆常用的强度等级有哪些？

2. 砌体结构设计时对块体和砂浆有哪些基本要求？

3. 砖砌体轴心受压时分哪几个受力阶段？它们的破坏特征如何？

4. 影响砌体抗压强度的因素有哪些?

5. 为什么砖砌体抗压强度远小于单砖的抗压强度?

6. 在何种情况下可按砂浆强度为零来确定砌体强度?

7. 轴心受拉、弯曲受拉及受剪破坏主要取决于什么因素?

8. 砌体的受压弹性模量是如何确定的? 它主要与哪些因素有关?

习题

习题答案

1. 设一轴心受压的砌体结构构件,采用 MU15 的黏土砖和 M5.0 的水泥砂浆砌筑,试求:

(1)当砌体的质量检查等级为 A、B、C 时,砌体的抗压强度设计值分别为多少?

(2)当使用的砂浆改为 M2.5 的水泥砂浆时,砌体质量检查等级为 A、B、C 时,砌体的抗压强度设计值分别为多少?

2. 一单排孔混凝土砌块对孔砌筑砌体,采用 MU10 砌块和 Mb5 砂浆砌筑,试求:

(1)当砌体的质量检查等级为 B 级时,砌体的抗压强度设计值为多少?

(2)若采用 Cb20 的灌孔混凝土灌实,设混凝土砌块的孔洞率为 40%,混凝土砌块砌体的灌孔率为 100%,此时砌体的抗压强度设计值为多少?

自测题

自测题答案

一、单项选择题

1. 与混合砂浆相比,水泥砂浆的(　　　　)

A. 流动性较差、保水性较差　　　　　　B. 流动性较好、保水性较差

C. 流动性较差、保水性较好　　　　　　D. 流动性较好、保水性较好

2. 用强度等级小于 M5.0 的水泥砂浆砌筑砌体时,砌体抗压强度设计值应乘以调整系数 γ_a,γ_a 的取值为(　　　　)

A. 0.8　　　　　B. 0.9　　　　　C. 1.1　　　　　D. 1.5

3. 砖砌体的抗压强度低于其所用砖的抗压强度,其原因是(　　　　)

A. 温度变化的影响

B. 单块砖在砌体内处于复杂应力状态

C. 砖砌体整体性差

D. 砖砌体稳定性不好

4. 砌体结构中,砌筑砂浆除需满足强度要求外,还应具有(　　　　)

A. 流动性和保水性　　　　　　B. 适用性和耐久性

C. 流动性和耐久性　　　　　　D. 适用性和保水性

5. 砌体可分为三类,即(　　　　)

A. 无筋砌体、配筋砌体和预应力砌体

B. 砖砌体、石砌体和砌块砌体

C. 无筋砌体、网状配筋砖砌体和组合砖砌体

D. 砖砌体、网状配筋砖砌体和组合砖墙

6. 砌体结构中，砌体的抗压强度（　　　　）

A. 随块体厚度的增加而降低，随块体长度的增加而增加

B. 随块体厚度的增加而增加，随块体长度的增加而降低

C. 随块体厚度和长度的增加而增加

D. 随块体厚度和长度的增加而降低

7. 砌体的抗拉强度最主要取决于（　　　　）

A. 砌块抗拉强度　　　　　　　　　　　　　B. 砂浆的抗拉强度

C. 灰缝的厚度　　　　　　　　　　　　　　D. 砂浆中的水泥用量

8. 施工阶段砂浆尚未硬化的新砌体，砂浆的强度（　　　　）。

A. 按零计算　　　　B. 按实际计算　　　　C. 按75%计算　　　　D. 按50%计算

9. 中心受压砌体中的砖处于（　　　　）的复杂应力状态下。

Ⅰ. 整体受压　　　Ⅱ. 受弯　　　Ⅲ. 受剪　　　Ⅳ. 局部受压　　　Ⅴ. 横向受拉

A. Ⅰ、Ⅱ　　　　B. Ⅰ、Ⅱ、Ⅲ　　　　C. Ⅰ、Ⅱ、Ⅲ、Ⅳ　　　　D. Ⅱ、Ⅲ、Ⅳ、Ⅴ

10.《砌体结构设计规范》（GB 50003—2011）规定，下列情况的各类砌体强度设计值应乘以调整系数 γ_a，下列（　　　　）是正确的

A. 有吊车房屋和跨度不小于9 m的多层房屋，γ_a 为0.9

B. 有吊车房屋和跨度不小于9 m的多层房屋，γ_a 为0.8

C. 无筋砌体构件截面 A 小于0.3 m² 时，取 $\gamma_a = A + 0.7$

D. 构件截面 A 小于0.3 m² 时，取 $\gamma_a = 0.85$

11. 地基以下砌体，当地基土很湿时，应采用（　　　　）

A. 水泥砂浆　　　　　　　　　　　　　　　B. 混合砂浆

C. 石灰砂浆　　　　　　　　　　　　　　　D. 强度高的混合砂浆

12. 用强度等级低于 M5 的相同的水泥砂浆砌筑的砌体，其抗压强度较用水泥石灰砂浆砌筑的砌体抗压强度（　　　　）。

A. 高　　　　　　　　B. 低　　　　　　　　C. 相同　　　　　　　　D. 不可定

二、多选题

1. 砖砌体的强度与砖和砂浆强度的关系，下列论述正确的是（　　　　）

A. 砖的抗压强度恒大于砖砌体的抗压强度

B. 砂浆的强度可能小于砖砌体的抗压强度

C. 烧结多孔砖无论孔洞率大小，其抗压强度与烧结普通砖相同

D. 烧结普通砖的抗剪强度仅取决于砂浆的强度

2. 砌体强度设计值在下列哪些情况下需进行调整（　　　　）

A. 采用强度等级大于或等于 M5 的水泥砂浆砌筑的各类砌体

B. 配筋砌体截面面积小于0.2 m² 时

C. 采用混合砂浆砌筑的各类砌体

D. 施工质量控制等级为 C 级时

3. 在确定砌体强度时，下列叙述不正确的是（　　　　）

A. 对于提高砌体抗压强度而言，提高砂浆强度比提高块体强度更有效

B. 块体的长高比对砌体抗压强度影响很小

C. 施工时水平灰缝厚度较厚时，砌体抗压强度高

D. 砖砌筑时若含水量大，则砌体的抗压强度高，但抗剪强度会降低

三、填空题

1. 一般情况下，砌体强度随块体和砂浆强度的提高而_____。

2. 砌体是由_____和_____组成的。

3. 砂浆按其组成成分可分为三种：_____、_____、_____。

4. 砂浆和块体的强度等级相同时，用小于 M5 的水泥砂浆砌筑的砌体强度_____用混合砂浆砌筑的砌体强度。

5. 普通黏土砖全国统一规格：_____。具有这种尺寸的砖称为标准砖。

6. 砌体的强度计算指标包括_____强度设计值、_____抗拉强度设计值和抗剪强度设计值。

7. 在实际工程中，按_____时的割线模量为砌体的弹性模量。

8. 砂浆强度越低，变形越大，砖受到的拉应力和剪应力越_____，砌体强度越_____。

9. 砖的强度等级是根据抗压强度和_____综合确定的。

10. 砌体抗压强度随块材厚度的增大而_____。

11. 砌体的弯曲受拉破坏有三种形态，即沿块体截面破坏、沿通缝截面破坏和沿_____破坏。

12. 砌筑用砂浆除需满足强度要求外，还应具有良好的_____和保水性。

13. 砌体结构是由_____和_____砌筑而成的整体材料。按照块体的不同，砌体分为_____、_____、_____。

14. 砂浆的强度是由龄期_____的每边长为_____的立方体试件的_____为依据，其强度等级符号以"_____"表示。

15. 按照力作用于砌体方向的不同，砌体轴心受拉破坏有_____、_____、_____。上述破坏，一般均发生于砂浆和砖石的连接面上，因而，砌体的抗拉承载力主要取决于_____。

16. 块材的_____是影响砌体轴心抗压强度的主要因素。

17. 各类砌体，当用强度等级小于 M5 的_____砌筑时，对抗压强度设计值乘以 0.9 的调整系数，以考虑其_____差的影响。

18. 影响砖砌体抗压强度的主要因素有块材的_____、砂浆的_____及砌筑质量。

19. 砌体的破坏不是由于砖受压耗尽其_____，而是由于形成_____，侧面凸出，破坏了砌体的整体工作。

20. 砌体轴心受拉有两种破坏形式：当砖强度较高而砂浆强度较低时，砌体将沿_____破坏；当砖强度较低而砂浆强度较高时，砌体将沿_____破坏。

21. 根据原料成分，常用砂浆可分为_____砂浆、_____砂浆和_____。

22. 常用刚性砂浆的主要成分是砂和_____。

23. 常用混合砂浆的主要成分为_____、_____和砂。

24.块体的厚度越大,则抗压强度越_____;砂浆的抗压强度越_____,则砌体的抗压强度越高。

25.砌体有_____种弯曲受拉破坏形态,其中沿_____截面破坏时的弯曲抗拉强度可按块体的强度等级确定。

26.用低于 M5 的水泥砂浆砌筑的砖柱,构件截面 $A < 0.3 \text{ m}^2$,其砌体抗压强度设计值调整系数 $\gamma_a =$ _____。

四、判断题

1.砖砌体的抗压强度与单块砖的抗压强度差不多。 ( )

2.施工阶段砂浆尚未硬化的新砌体,可按砂浆强度为零确定其砌体强度。 ( )

3.验算配筋砌体时,砌体强度设计值不需考虑调整系数 γ_a。 ( )

第 2 章　现行规范中砌体结构设计的基本原则

学习目标
1. 了解极限状态的概念。
2. 了解结构上的作用、作用效应和结构抗力的概念及其随机特性。
3. 了解我国规范关于砌体结构设计的理论基础——可靠度理论。
4. 掌握我国规范的砌体结构设计方法——概率极限状态设计方法。

2.1　结构的可靠度理论

2.1.1　结构上的作用 F

结构上的作用是使结构产生内力、变形、应力和应变的原因。结构上的作用分为直接作用和间接作用。直接作用指施加在结构上的集中荷载和分布荷载，如构件的自重、人的重量、积雪重量和风压等。间接作用指引起结构外部变形或约束变形的其他作用，如温度变化、支座沉降和地震作用等。通常所说的"荷载"即指直接作用。

2.1.2　作用效应 S

各种作用施加在结构上，在结构内所产生的内力和变形，总称为作用效应 S。当作用为"荷载"时，其效应也可称为荷载效应。荷载 Q 与荷载效应 S 之间一般呈线性关系，即

$$S = CQ$$

$$(2-1)$$

式中：C——荷载效应系数，常数。

2.1.3　结构抗力 R

结构抵抗内力和变形的能力称为结构抗力。结构抗力是材料性能、截面几何参数及计算模式的函数。

2.1.4　结构的极限状态

结构设计的主要目的是要保证所建造的结构安全适用，能够在规定的期限内满足各种预期的功能要求，即安全性、适用性和耐久性，统称为结构的可靠性。

整个结构或结构的一部分超过某一特定状态（如达到极限承载力、失稳或变形、裂缝宽度超过规定的限值等），而不能满足设计规定的某一功能要求时，此特定状态即为该功能的极限状态。结构的极限状态分为两类：承载能力极限状态和正常使用极限状态。

2.1.5　结构设计问题的随机性质

概率论表明，一个事件可能有多种结果，但事先不能肯定哪一种结果一定发生时，把具有这种不确定性的现象称为随机现象，这一事件称为随机事件。表示随机出现各种结果的变量称为随机变量。

楼面上的人群荷载，屋面上的雨、雪荷载，墙面所受的风荷载等，它们可能出现，也可能不出现，数值或大或小，因此具有随机性质。结构构件在配料制作过程中误差不可避免，其重量、尺寸就不可能与设计值绝对相等。地震、地基沉降、温度变化等间接作用也具有随机性质。由于作用的随机性，作用效应也具有随机性。

由于材料性能、构件的几何参数以及计算模式的精确程度等的随机性，结构抗力也具有随机性，是一个随机变量。如同一施工现场按同一配合比制作的砂浆，其强度、变形及其他物理力学性能都会有不同程度的差异，制作和安装的误差等都将影响结构抗力的大小。

2.1.6　结构的功能函数

当只有作用效应 S 和结构抗力 R 两个基本变量时，定义式(2-2)为结构的功能函数

$$Z = R - S \tag{2-2}$$

随结构(或构件)作用条件的变化，功能函数有以下三种可能的结果。

(1) $Z > 0$，即 $R > S$ 时，结构可靠；

(2) $Z < 0$，即 $R < S$ 时，结构失效；

(3) $Z = 0$，即 $R = S$ 时，结构处于极限状态。

因此，结构安全可靠地工作必须满足 $Z \geq 0$。

由于结构抗力 R 和作用效应 S 都是随机变量，所以结构功能函数 Z 也是一个随机变量。

把 $Z \geq 0$ 这一事件出现的概率称为可靠概率(保证率)，记为 P_S。

把 $Z < 0$ 这一事件出现的概率称为失效概率，记为 P_f，即

$$P_S + P_f = 1 \tag{2-3}$$

2.1.7　结构的可靠度

结构的可靠度指结构在规定的时间内，在规定的条件下，完成预定功能的概率。这个规定的时间为设计基准期，即50年。规定的条件为正常设计、正常施工和正常维护使用。而规定的条件下的预定功能即指结构的安全性、适用性和耐久性。因此，结构可靠度是结构可靠性的概率度量。

假定 R 和 S 是相对独立的，且均服从正态分布，则结构功能函数 Z 也服从正态分布。Z 的平均值 μ_Z 和标准差 σ_Z 分别为

$$\mu_Z = \mu_R - \mu_S \tag{2-4}$$

$$\sigma_Z = \sqrt{\sigma_R^2 + \sigma_S^2} \tag{2-5}$$

变异系数 δ_Z 为

$$\delta_Z = \frac{\sigma_Z}{\mu_Z} = \frac{\sqrt{\sigma_R^2 - \sigma_R^2}}{\mu_R - \mu_S} \tag{2-6}$$

结构功能函数的分布曲线如图 2-1 所示，横坐标表示结构功能函数 Z，纵坐标表示结构功能函数的频率密度 f_Z。纵坐标以左 $Z<0$，因此图中阴影面积表示结构的失效概率 P_f；而纵坐标以右 $Z>0$，因此纵坐标以右曲线与坐标轴围成的面积表示结构的可靠概率 P_S。因此有

$$P_S = \int_0^{+\infty} f_Z(Z)\,\mathrm{d}Z \qquad (2-7)$$

$$P_f = \int_0^{-\infty} f_Z(Z)\,\mathrm{d}Z \qquad (2-8)$$

即　　　　　　　　　$P_S + P_f = 1 \quad$ 或 $\quad P_S = 1 - P_f$

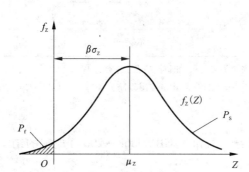

图 2-1　结构功能函数的分布曲线

因此，既可以用结构的可靠概率 P_S 来度量结构的可靠性，也可以用结构的失效概率 P_f 来度量结构的可靠性。

由于影响结构可靠性的因素十分复杂，目前从理论上计算概率是困难的，因此《建筑结构可靠度设计统一标准》(GB 50068—2001) 中规定采用近似概率法，并规定采用平均值 μ_Z、标准差 σ_Z 及可靠指标 β 代替失效概率来近似地度量结构的可靠度。图 2-1 表示了它们之间的关系

$$\beta = \frac{\mu_Z}{\sigma_Z} = \frac{\mu_R - \mu_S}{\sqrt{\sigma_R^2 - \sigma_S^2}} \qquad (2-9)$$

可见，β 值愈大，失效概率 P_f 的值愈小；反之，β 值愈小，失效概率 P_f 的值就愈大。可靠指标与失效概率是一一对应的，见表 2-1。

表 2-1　可靠指标 β 与失效概率 P_f 之间的对应关系

β	P_f	β	P_f
1.0	1.59×10^{-1}	3.2	6.90×10^{-4}
1.3	6.68×10^{-2}	3.5	2.33×10^{-4}
2.0	2.28×10^{-2}	3.7	1.10×10^{-4}
2.5	6.21×10^{-3}	4.0	3.17×10^{-5}
2.7	3.50×10^{-3}	4.2	1.30×10^{-5}
3.0	1.35×10^{-3}	4.5	3.40×10^{-6}

为使设计人员正确选择合适的可靠指标进行设计，《建筑结构可靠度设计统一标准》（GB 50068—2001）根据结构破坏可能产生的后果的严重性（危及生命安全、造成经济损失、产生社会影响等），将建筑结构划分为三个安全等级，见表2-2。

表2-2 建筑结构的安全等级

安全等级	破坏后果	建筑物类型
一级	很严重	重要的房屋
二级	严重	一般的房屋
三级	不严重	次要的房屋

注：①对于特殊的建筑物，其安全等级可根据具体情况另行确定；
②对地震区的砌体结构设计，应按国家现行《建筑抗震设防分类标准》（GB 50223—2008），根据建筑物重要性区分建筑物类别。

《建筑结构可靠度设计统一标准》（GB 50068—2001）规定的结构构件按承载力极限状态设计时的可靠指标见表2-3。

表2-3 规定的可靠指标 β

破坏类型	安全等级		
	一级	二级	三级
延性破坏	3.7	3.2	2.7
脆性破坏	4.2	3.7	3.2

地震区的砌体结构设计，应按《建筑抗震设计规范》（GB 50011—2010）根据建筑物重要性确定安全等级。

2.2 安全度表达方法的历史演变

砖石材料是一种历史悠久的、传统的建筑材料。欧洲在19世纪，就建造了大量的砖石结构建筑，而且使用砖石作为多层房屋的承重材料。早期砖石结构构件的截面尺寸完全是凭经验确定的，所以往往尺寸较大，从欧洲遗留的一些早期建筑中就可见到。而后，逐渐开始采用弹性理论的许可应力计算方法。

在20世纪30年代后期，苏联发现按弹性理论计算与试验结果不相符合，继而对偏心受压构件的计算采用了修正系数，到20世纪40年代初期，苏联按破坏阶段计算方法，在其1955年颁布的《砖石及钢筋砖石结构设计标准和技术规范》（HNTY 120—55）中又进一步采用了三系数按极限状态的计算方法。

我国在1952年开始对偏心受压构件的计算采用修正系数以便能够比较正确地估算其承载能力，以后又相继采用了破坏阶段和三系数按极限状态的计算方法。

在三系数法中,对承载能力计算采用了三个系数,即荷载系数 n、材料强度系数 K 和工作条件系数 m,以分别考虑结构的可能超载(当纵向力减小反为不利时,应考虑实际自重可能较标准重量低,即这时 $n<1$)、材料强度变异(降低)、工作条件的不同和计算假定的误差等。计算按式(2-10)进行

$$N = \sum n_i N_{ik} \leqslant \Phi(m, Kf_k, S) \tag{2-10}$$

式中:N_{ik}——在标准荷载作用下的内力;

　　　n_i——荷载系数;

　　　Φ——符合构件受力特征的函数(压、拉、弯、剪等);

　　　m——构件工作条件系数;

　　　k——砌体匀质系数;

　　　f_k——材料的强度标准值;

　　　S——截面几何特征。

实际上,所有影响结构安全度的因素,目前还很难作为随机变量处理而加以统计。

我国 1973 年颁布的《砖石结构设计规范》(GBJ 3—1973),规定砖石结构设计计算应按材料平均强度的单一安全系数法(总安全系数法)进行,而安全系数则采取多系数分析、单一系数表达的半统计、半经验的方法确定。对于无筋砖石结构来说,因其主要为单一材料,取平均强度计算亦比较合理。因此,构件截面承载能力 N_u 按根据破坏阶段试验结果所建立的经验公式并取材料平均(极限)强度计算,而内力 N 则根据标准荷载确定,N 应不超过 N_u/K,以保证有足够的安全储备,K 即称为安全系数。单一安全系数法计算的优点,除安全系数的确定是按半统计、半经验的方法而较为合理外,同时有一个比较明确的安全系数值,计算也较简便。

1988 年颁布的《砌体结构设计规范》(GBJ 3—1988),采用以近似概率理论为基础的极限状态设计方法。

2011 年颁布的《砌体结构设计规范》(GB 5003—2011),规定根据国家颁布的《建筑结构可靠度设计统一标准》(GB 50068—2001),采用以概率理论为基础的极限状态设计方法。

2.3　概率极限状态设计法

砌体结构设计在理论上应根据失效概率或可靠指标来度量结构的可靠性。但在实际应用时,计算过程较复杂,而且需要掌握足够的实测数据,包括各种影响因素的统计特征值。就目前来讲,有许多影响因素的不定性还不能用统计方法确定,所以此方法还不能普遍用于实际设计工作中,《砌体结构设计规范》(GB 5003—2011)只是以可靠度理论作为设计的理论基础。实际设计时,引入荷载分项系数、材料分项系数和结构重要性系数等,并且找出可靠指标与分项系数的对应关系,从而以分项系数代替可靠指标,使结构设计方法在形式上与传统的方法相似,而且也是按极限状态方法进行设计。

《砌体结构设计规范》(GB 5003—2011)采用以概率理论为基础的极限状态设计方法,以可靠指标度量结构构件的可靠度,采用分项系数的设计表达式进行计算。砌体结构应按承载能力极限状态设计,并满足正常使用极限状态的要求。

2.3.1 砌体结构按承载能力极限状态设计

砌体结构按承载能力极限状态设计时,应按下列公式中最不利组合进行计算

$$\gamma_0(1.2S_{GK} + 1.4r_L S_{Q1K} + r_L \sum_{i=2}^{n} \gamma_{Qi}\psi_{Ci}S_{QiK}) \leqslant R(f, \alpha_k, \cdots) \qquad (2-11)$$

$$\gamma_0(1.35S_{GK} + 1.4r_L \sum_{i=1}^{n} \psi_{Ci}S_{QiK}) \leqslant R(f, \alpha_k, \cdots) \qquad (2-12)$$

式中:γ_0—— 结构重要性系数。对安全等级为一级或设计使用年限为 50 年以上的结构构件,不应小于 1.1;对安全等级为二级或设计使用年限为 50 年的结构构件,不应小于 1.0;对安全等级为三级或设计使用年限为 1~5 年的结构构件,不应小于 0.9。

r_L—— 结构构件的抗力模型不定性系数。对静力设计,考虑结构设计使用年限的荷载调整系数,设计使用年限为 50 年,取 1.0;设计使用年限为 100 年,取 1.1。

S_{GK}—— 永久荷载标准值的效应。

S_{Q1K}—— 在基本组合中起控制作用的一个可变荷载标准值的效应。

S_{QiK}—— 第 i 个可变荷载标准值的效应。

$R(f, \alpha_k, \cdots)$—— 结构构件的抗力函数。

γ_{Qi}—— 第 i 个可变荷载的分项系数。

ψ_{Ci}—— 第 i 个可变荷载的组合值系数,一般情况下应取 0.7,书库、档案库、储藏室、通风机房、电梯机房应取 0.9。

f—— 砌体的强度设计值,$f = f_k/\gamma_f$。

f_k—— 砌体的强度标准值,$f_k = f_m - 1.645\sigma_f$。

γ_f—— 砌体结构的材料性能分项系数。一般情况下,宜按施工质量控制等级为 B 级考虑,取 $\gamma_f = 1.6$;当为 C 级时,取 $\gamma_f = 1.8$;当为 A 级时,取 $\gamma_f = 1.5$。

f_m—— 砌体的强度平均值。

σ_f—— 砌体强度的标准差。

α_k—— 几何参数标准值。

注:①施工质量控制等级划分应符合《砌体工程施工质量验收规范》(GB 50203—2011)的规定。
②当工业建筑楼面活荷载标准值大于 4 kN/m² 时,式中系数 1.4 应为 1.3。

2.3.2 砌体结构作为刚体时的整体稳定性

当砌体结构作为一个刚体,需验算整体稳定性时,例如倾覆、滑移、漂浮等,应按下列设计表达式进行验算:

$$\gamma_0(1.2S_{G2K} + 1.4\gamma_L S_{Q1K} + \gamma_L \sum_{i=2}^{n} S_{QiK}) \leqslant 0.8S_{G1K} \qquad (2-13)$$

$$\gamma_0(1.35S_{G2K} + 1.4\gamma_L \sum_{i=1}^{n} \psi_{Ci}S_{QiK}) \leqslant 0.8S_{G1K} \qquad (2-14)$$

式中:S_{G1K}—— 起有利作用的永久荷载标准值的效应;

S_{G2K}—— 起不利作用的永久荷载标准值的效应。

由上述可见,我国《砌体结构设计规范》(GB 5003—2011)在进行结构构件承载力计算时,主要是通过将荷载的标准值乘以大于 1 的荷载分项系数,而将材料强度标准值除以大于

1 的材料性能分项系数，使结构构件的失效概率控制在允许范围内，以确保结构具有足够的可靠度。

根据砌体结构的特点，砌体结构正常使用极限状态的要求，一般情况下可由相应的构造措施来保证，有关砌体结构的构造问题将在以后章节介绍。

本章小结

1．结构的极限状态分为两类：承载能力极限状态和正常使用极限状态。

2．结构的可靠性指安全性、适用性和耐久性。

3．结构的可靠度指结构在规定的时间内，在规定的条件下，完成预定功能的概率。它是结构可靠性的概率度量。

4．结构的可靠指标与失效概率是一一对应的。

思考题

思考题答案

1．什么是结构上的作用和作用效应？它们之间有何关系？

2．作用效应与结构抗力有何区别？

3．试述结构可靠度的定义，并说明结构可靠性与结构可靠度的关系。

4．试说明可靠概率与失效概率之间的关系，失效概率与可靠指标之间的关系。

5．什么是结构的极限状态？分为哪两种类型？

第3章 混合结构房屋墙体内力计算

学习目标

1. 了解混合结构在房屋三种静力计算方案(刚性方案、弹性方案、刚弹性方案)的判别及确定它们计算简图的原则。

2. 了解混合结构房屋三种静力方案在水平荷载作用下各自的传力途径和静力工作特点。

3. 深入了解楼(屋)盖和承重纵、横墙对混合结构房屋静力工作的影响。

4. 重点掌握刚性方案房屋墙体内力计算的方法。

3.1 房屋的结构布置

混合结构房屋通常指采用砌体材料作为承重墙体,采用钢筋混凝土或钢木材料作为楼盖或屋盖的房屋。

混合结构房屋的墙体既是承重结构又是围护结构。墙体所用的材料具有地方性,能就地取材,造价较低,施工方便,因而应用十分广泛。

混合结构房屋应具有足够的承载力、刚度、稳定性和整体性,在地震区还应有良好的抗震性能。此外,混合结构房屋还应具有良好的抵抗温度、收缩变形和不均匀沉降的能力。

合理的结构方案和结构布置,是保证房屋结构安全可靠和良好使用性能的重要条件。设计时应按照安全可靠、技术先进、经济合理的原则,并考虑建筑、结构等方面的要求,对多种可能的承重方案进行比较,选用较合理的承重结构方案。在混合结构房屋的结构布置中,承重墙、柱的布置至关重要。

砌体房屋的承重结构体系是相对于静力荷载而言的,通常可分为砌体墙柱承重结构体系、混合承重结构体系两大类。前者包括纵墙承重结构、横墙承重结构和纵横墙承重结构,后者则包括内框架砌体承重结构和底层框架砌体承重结构。这两类结构体系的受力特点是有显著区别的。

砌体墙柱承重结构体系的特点是在结构整个高度上都由墙柱承重。通常,称砌体房屋中平行于房屋短向布置的墙体为横墙,称平行于房屋长向布置的墙体为纵墙;房屋周边的墙体称为外墙(端部外墙又称山墙),其余则称内墙。

在墙柱承重结构房屋的设计中,确定承重墙、柱的布置方案是十分重要的设计环节,因为它不仅影响房屋平面的划分和空间的大小,更涉及荷载的传递路线、房屋的空间刚度及结构设计中的基本问题。不同使用要求的墙柱承重结构房屋,由于房间的大小和布局的不同,它们在建筑平面和剖面上是多种多样的。

3.1.1　横墙承重结构

横墙承重结构是楼、屋面板直接搁置于横墙上形成的结构布置方案(图3－1)。竖向荷载的主要传递路线为：板→横墙→基础→地基。

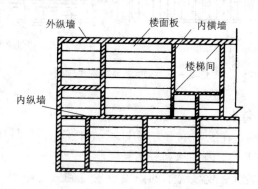

图3－1　横墙承重结构平面图

横墙承重结构的特点有：

(1)横墙承重结构对纵墙上门窗设置部位及大小的限制较少。横墙是主要承重墙体，纵墙主要起围护、隔断以及与横墙连接形成整体的作用。

(2)横墙承重结构对于调整地基的不均匀沉降以及抵御水平荷载(风荷载)较为有利。因其每一开间设置一道横墙(一般为2.7~4.2 m)，且有纵墙与之相互拉结，因而房屋的空间刚度大，整体性强。

(3)横墙承重结构是一种有利于抗震的结构。砌体房屋结构中，无论何种承重结构体系，横墙是承担横向水平地震作用的主要构件，足够数量的横墙显然有利于抗震。同时，楼、屋盖荷载直接传递给横墙，又有利于提高墙体的抗剪能力，因为砌体墙在地震作用下主要承受抗剪作用。横墙较多，有利于横向水平地震作用的传递和分布。

(4)横墙承重结构布置还有利于结构的对称性和均匀性，使结构受力均衡分散。

(5)房屋中横墙兼有分隔使用空间的功能，故横墙承重结构布置还是一种较经济的结构布置。

横墙承重结构适用于住宅、招待所等多层房屋。不过，其所耗的墙体材料相对较多。

3.1.2　纵墙承重结构

纵墙承重结构指由纵墙(包括外纵墙和内纵墙)直接承受屋面、楼面荷载的结构布置方案。这种结构中，荷载分两种方式传递到纵墙上。一种是楼、屋面板直接搁置在纵墙上[图3－2(a)]；一种是楼、屋面板搁置于大梁(习惯称进深梁)上，大梁又搁置于纵墙上[图3－2(b)]。

纵墙承重结构中竖向荷载的主要传递路线为：板→进深梁(或屋架)→纵向承重墙→基础→地基。

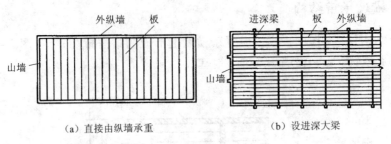

（a）直接由纵墙承重	（b）设进深大梁

图3-2　纵墙承重结构平面图

纵墙承重结构有以下特点：

（1）房屋空间布置灵活，在纵墙承重方案中，设置横墙的主要目的是满足使用功能要求。因此，横墙间距可以相当大，室内空间划分不受限制。

（2）纵墙承受的荷载较大，故纵墙上的门窗设置受到一定限制。门窗宽度不宜过大，门窗也不宜设置于进深梁下方。

（3）在纵墙承重方案中，由于横墙较少，间距较大，因而房屋整体空间刚度较差，对抗震极为不利。发生地震时，还容易引起纵墙的弯曲破坏，随之又进一步削弱整体结构的抗震能力。故在抗震设防区不宜选用这种结构布置。

纵墙承重结构通常用于非抗震设防区的教学楼、实验楼、图书馆、医院、食堂等多层砌体房屋。纵墙承重的多层房屋，特别是空旷的多层房屋，层数不宜过多，因纵墙承受的竖向荷载较大，当层数较多时，需显著增加纵墙厚度或采用大截面尺寸的壁柱，这在经济上或使用上都不合适。

一般来说，纵墙承重结构楼盖所用材料较横墙承重结构多，墙体材料所耗则较少。

3.1.3　纵横墙承重结构

纵横墙承重结构指房屋纵、横向两种承重墙体兼而有之的承重结构布置方案。大致可分为两种结构布置形式。其一是部分为横墙承重，部分因有大房间而设置进深梁，形成纵横墙共同承重的结构布置，如教学楼、实验楼、办公楼等（图3-3）。其二是由于使用功能上的要

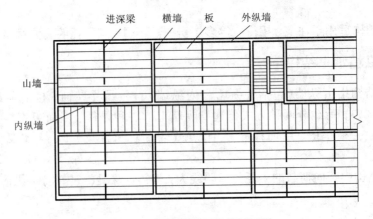

图3-3　纵横墙承重结构平面图

求，在横墙承重结构的布置中，改变某些楼层上楼板搁置方向，形成房屋的某些部位下部横墙承重、上部纵墙承重，或上部横墙承重、下部纵墙承重的纵横墙共同承重的结构。纵横墙承重结构的荷载传递路线为：板→$\begin{bmatrix}纵墙\\横墙\end{bmatrix}$→基础→地基。

纵横墙承重结构的特点有：

（1）具有结构布置较为灵活的优点。

（2）空间刚度较纵墙承重结构好。这种结构布置，横墙一般间距不太大，因而在整个结构中，横向水平地震作用完全可以由横墙承担，通常可以满足抗震要求。对纵墙而言，由于有部分是承重的，从而也增强了墙体的抗剪能力，对整个结构承担纵向地震作用也是有利的。

（3）抗震性能介于前述两种承重结构之间。

事实上，在工程实践中常同时有纵、横向承重墙体，例如纵墙承重结构中的山墙也承重［图 3－2(b)］，只不过不是主要的承重墙体罢了。

除上述三种承重结构体系之外，还常常采用混合承重结构体系。混合承重结构体系指用两种不同结构材料组成的承重结构体系，其中一部分为砌体承重，另一部分为钢筋混凝土墙柱承重。这种结构体系有内框架砌体结构和底层框架－剪力墙砌体结构两种。

3.1.4　内框架砌体结构

内框架砌体结构是内部为钢筋混凝土梁柱组成的框架承重，外墙为砌体承重的混合承重结构。

按梁、柱的布置，内框架砌体房屋可分为三种：

（1）单排柱到顶的内框架承重结构［图 3－4(a)］，一般用于 2～3 层房屋；

（2）多排(2 排或 2 排以上)柱到顶的多层内框架承重结构［图 3－4(b)］；

（3）底层内框架房屋［图 3－4(c)］，一般为 2 层。抗震性能极差，不应在抗震设防区采用。

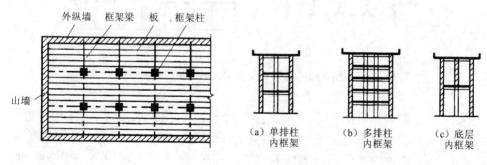

图 3－4　内框架砌体结构

内框架承重结构房屋有以下特点：

（1）房屋开间大，平面布置较为灵活，容易满足使用功能要求。

（2）周边采用砌体墙承重，与全框架结构相比，可节省钢材、水泥和木材，比较经济，施工较方便。

（3）由于全部或部分取消内墙，横墙较少，房屋的空间刚度较差。

（4）内框架砌体结构抗震性能欠佳。因其采用砌体和钢筋混凝土两种性能不同的材料，它们的弹性模量有很大差别，结构受力性能也截然不同。加之它们在地震作用下的动力特性及动力反应有较大差异，因而其抗震性能不太理想。但由于它具有的上述优点，这种结构还是有生命力的。震害经验也表明，只要设计合理，抗震措施得当，在抗震设防区可以有限制地采用内框架砌体结构。

（5）施工工序较多，影响施工进度。

多层多排内框架砌体结构适宜于轻工业、仪器仪表工业车间等使用，也适应于民用建筑中的多层商业用房。

3.1.5 底层框架–剪力墙砌体结构

底层框架–剪力墙砌体结构是上部各层由砌体承重、底层由框架和剪力墙承重的混合承重结构体系。在抗震设计中一般称剪力墙为抗震墙，故亦称其为底层框架–抗震墙结构。为简便起见，一般统称底层框架砌体结构。为了避免底层可能有过大的变位，底层结构中的两个方向上都必须设置抗震墙。在抗震设防烈度较低的地区或非抗震设防区，墙体可以采用砌体或配筋砌体，在高烈度区则必须采用钢筋混凝土剪力墙（图3–5）。

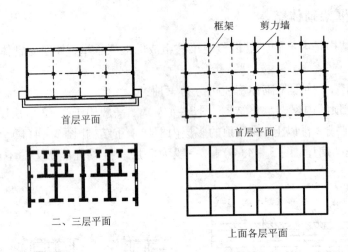

图3–5 底层框架–剪力墙砌体结构

底层框架的多层砌体结构房屋的特点是"上刚下柔"。由于承重材料、结构布置的不同，房屋结构的竖向刚度在底层与二层之间发生突变，在底层结构中易产生应力集中现象，对抗震显然不利。为了不使房屋沿高度方向的刚度突变过大（主要是底层与二层刚度的变化），《建筑抗震设计规范》（GB 50011—2010）对房屋上、下层侧移刚度的比值做了限制规定。

城市规划往往要求在临街住宅、办公楼等建筑的底层设置大空间，用作商店、邮局等，一些宾馆也因使用要求，往往在底层设立餐厅、会议室等大空间，此时，就可采用底层框架砌体结构。

3.2　混合结构房屋的静力计算方案

3.2.1　概述

与其他建筑结构设计一样，砌体房屋结构从设计内容上分计算设计和构造设计两部分。从受力性质上分，又可分为静力设计(非抗震设计)和抗震设计两种情况。计算设计的目的是通过承载力、变形等计算来保证结构或构件的工作能力；构造设计的目的则是保证结构或构件经构造设计后应有工作性能的实现。构造设计的内容概括地说就是一系列构造措施，包括合理地选择材料等级、规格、数量，合理的构件形式和尺寸，墙、柱、楼(屋)盖之间的有效连接方式以及不同类型构件和结构在不同受力条件下采取的特殊要求措施等。为了使结构或构件具有良好的工作性能，构造设计还应包括在计算设计中难以反映，但由工程实践中总结出来的规律和要求而必须采取的构造措施。

工程实践表明，以上认识虽然正确，但并不全面。

20 世纪 70 年代以来，工程界逐渐认识到合理的"概念设计"比计算设计更为重要。所谓"概念设计"，指在设计中，从保证结构在各种荷载作用下具有良好的整体工作性能的目的出发，把握好承重结构体系选择、结构布置、刚度分布及结构整体性等结构设计的基本要素，再以相应构造措施予以保证。概念设计对房屋结构的抗震能力起着决定性的控制作用，因而工程抗震的概念设计思想，越来越受到世界各国工程界的普遍重视。

其实，概念设计的思想对结构的静力设计也是非常重要的。无论是结构的静力设计或抗震设计，都应包括概念设计和计算设计两部分。构造设计只是概念设计的部分内容。

任何结构的计算，主要包括两方面的内容，即内力计算和截面设计(或验算)，砌体房屋结构也不例外。静力计算的目的是求得砌体结构在荷载下的内力。为此，有必要讨论砌体结构的空间受力性能、静力计算方案、结构计算简图以及内力计算方法等。

1. 混合结构的整体受力特点

砌体房屋结构，是由楼、屋盖等水平承重结构构件和墙、柱、基础等竖向承重结构构件构成的空间受力体系。各类构件共同承受作用于房屋上的各类竖向荷载(结构自重、屋面和楼面活荷载、雪荷载等)以及水平荷载(风荷载等)，不仅直接承载的构件有抵御荷载的作用，与其相连的其他构件也不同程度地参加工作、分担荷载。

房屋在荷载作用下的工作特性(荷载传递路线、墙柱中的内力分布等)，随空间刚度的不同而异。而影响房屋结构空间刚度的因素很多，主要有是否设置横墙及其数量多少、厚度如何，楼、屋盖平面内的水平刚度大小等。

砌体房屋结构静力计算方案，就是根据其结构的空间工作性能划分的。

现比较图 3-6 中所列三种单层砌体房屋的结构布置在风荷载下的工作状态。图 3-6 (a)、(b)、(c)三图分别为无山墙纵墙承重房屋、设置山墙的纵墙承重房屋以及设置有较多横墙的纵墙承重房屋。

房屋是空间受力体系，但进行结构静力分析时，为简便起见，常按平面受力结构进行计算，一般地，用在平面结构中加上附加约束的方法来体现(或处理)其空间作用。这便是砌体结构静力计算的基本思路。通常，取房屋的一个开间为计算单元，单元内的荷载由本单元的

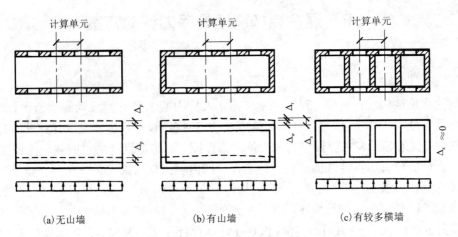

计算单元　　　　　　计算单元　　　　　　计算单元

(a)无山墙　　　　　　(b)有山墙　　　　　　(c)有较多横墙

图 3 - 6　具有不同空间作用的单层纵墙承重砌体房屋结构

构件承受。此时，把纵墙看作与计算单元相等的柱，而把屋盖看作一根水平梁。于是，计算单元就是一平面排架或框架。

2. 混合结构的传力途径

（1）两端有山墙的结构在风荷载作用下的传力途径为：

$$\text{风荷载} \begin{cases} \text{屋盖结构} \\ \text{纵墙} \begin{cases} \rightarrow \text{山墙} \rightarrow \text{山墙基础} \\ \rightarrow \text{纵墙基础} \end{cases} \end{cases} \text{地基}$$

这一传力途径反映了房屋的一定空间作用：风荷载不仅通过纵墙平面也通过屋盖平面及山墙平面传递，组成了一空间作用体系。在风荷载作用下，山墙如同悬臂梁一样工作。荷载由纵墙传至楼、屋盖，再传至山墙，所以山墙所受水平力一般为集中力[图 3 - 6(b)]。

房屋纵墙顶部的位移则具有两个特点：

①水平位移值沿纵墙方向是变化的，并与屋盖结构水平方向的位移一致，两端小，中间大；

②纵墙顶部水平位移值除了与纵墙本身刚度有关外，还与屋盖结构水平刚度以及山墙刚度有关。以水平位移最大的墙（柱）中间单元为例，其顶端位移由山墙的水平位移和屋盖水平梁的最大水平位移两部分组成，即

$$\Delta_s = \Delta_w + \Delta_r \qquad\qquad (3 - 1)$$

式中：Δ_s——中间墙柱单元的水平位移；

　　　Δ_w——山墙的水平位移；

　　　Δ_r——屋盖水平梁的最大水平位移。

很显然，如果单层砌体房屋内还设置了较密的横墙或增大了横墙刚度，则屋盖水平梁可看作支承于横墙、山墙上的水平连续梁[图 3 - 6(c)]，其位移 Δ_r 值随之很快减小；同时由于横墙较密，相当于增加了许多"山墙"或大幅度地提高了山墙的刚度，Δ_w 值也随之减小，最后 Δ_s 也大为减小。这就是说，横墙加密后不仅提高了屋盖梁的水平刚度，也使房屋结构的空间作用大大加强。

(2)两端无山墙结构在风荷载作用下的传力途径。

如果取消图 3-6(b)中两端山墙[图 3-6(a)]，那么风荷载的传递路线即发生质的变化，即风荷载→纵墙→基础→地基。

此时，纵墙的顶部水平位移仅包括纵墙顶水平位移一项，且屋盖水平梁仅发生平面移动而无变形，墙顶位移沿纵向是相等的，于是可假定屋盖的水平刚度为无限大。因而，从房屋中截取的一计算单元的受力状态与房屋整体受力状态是完全相同的，沿房屋纵向各开间之间并不存在相互制约的空间作用。可将此时墙体的顶点水平位移记为 Δ_p。

综上所述，随着山墙从无到有、一直到设置较密的横墙，房屋的空间刚度越来越大，空间作用越来越明显，水平位移越来越小。结构中的内力也显然随之发生不同的分布。

3. 影响房屋空间刚度的因素——空间性能影响系数 η

(1) η 的定义及其相关因素。

从工程设计的应用角度看，用空间性能影响系数 η 来反映房屋结构的空间作用是合理的，也较简便。对于单层房屋，空间性能影响系数 η 定义为

$$\eta = \frac{\Delta_s}{\Delta_p} < 1.0 \tag{3-2}$$

η 值越大，表示其空间刚度越差，空间工作性能越弱，反之亦然。从理论上讲，可以这样理解：η 值在 $0 \sim 1.0$ 之间时为刚弹性方案房屋，η 由小到大，结构空间刚度逐渐减弱；当 η 逐渐增大到 1.0 时取为弹性方案房屋；当 η 逐渐减小到 0 时即为刚性方案房屋。工作实践中，情况比较复杂，一般不能如此划分。

(2)单层房屋结构的空间性能影响系数。

对于单层房屋，影响 η 值的因素很多，诸如屋盖的水平刚度(取决于它的整体性及截面的宽度和厚度)、横墙间距、房屋跨度、排架刚度和纵墙刚度等。

从理论上分析，在其他条件相同的情况下，房屋跨度(即进深)越大，屋盖水平刚度也大，η 值应越小。但试验研究表明，房屋跨度的影响并不显著，故其影响可以忽略；排架刚度对 η 的影响也不明显；而纵墙刚度对房屋空间工作性能的影响却十分显著。这是因为砌体结构屋盖的变形主要是剪切变形，而纵墙刚度较大时显著提高了屋盖系统的综合剪切刚度。因此，对 η 值有显著影响的主要是屋盖类型、横墙间距和纵墙刚度。表 3-1 中的 η 值，虽用前 2 项因素反映，但其中已考虑了纵墙刚度的影响。

工程实践中，屋盖或楼盖的构造有多种，设计规范中按屋盖或楼盖水平纵向体系的刚度作为分类依据把屋盖或楼盖分为三类，见表 3-1。

第 1 类为刚性楼(屋)盖，第 2 类为中等刚度的楼(屋)盖，第 3 类为柔性屋盖。按屋盖或楼盖整体性而论，以第 1 类为最强，第 3 类为最弱。

再者，每片横墙自身的抗侧刚度越大，其顶端位移 Δ_w 越小，对屋盖或楼盖提供的支承越充分；横墙间距越小，Δ_r 也越小，空间作用越明显。

(3)多层砌体房屋结构的空间性能影响系数。

工程实践表明，多层砌体房屋结构的空间工作特性远比单层房屋复杂。一般地，当在房屋某一层楼盖或屋盖标高的某处施加一集中荷载时，不仅沿房屋纵向各开间均发生位移，同时各层也发生位移。这就足以说明，在沿房屋纵向各开间表现出空间作用(同层空间作用)的同时，沿房屋高度方向的各层也表现出空间作用(层间空间作用)。

这样，多层房屋结构的空间性能影响系数，一方面应反映同层空间作用的主空间作用，另一方面还应反映层间空间作用的副空间作用。考虑到准确分析两类空间性能影响系数十分复杂，为了结构的安全及计算方便，《砌体结构设计规范》（GB 5003—2011）规定，多层砌体房屋各层空间性能影响系数 η 可采用对应单层房屋的相同数值（表 3 – 1）。

表 3 – 1　房屋各层的空间性能影响系数 η_i

屋盖或楼盖类别	横墙间距 s/m													
	16	20	24	28	32	36	40	44	48	52	56	80	64	68	72
1	—	—	—	—	0.33	0.39	0.45	0.50	0.55	0.60	0.64	0.89	0.71	0.74	0.77
2	—	0.35	0.45	0.54	0.61	0.68	0.73	0.78	0.82	—	—	—	—	—	—
3	0.37	0.49	0.60	0.68	0.75	0.81	—	—	—	—	—	—	—	—	—

注：①i 取 $1 \sim n$，n 为房屋的层数；

②第 1 类楼（屋）盖包括整体式、装配整体式和装配式无檩体系钢筋混凝土屋盖或钢筋混凝土楼盖；第 2 类楼（屋）盖包括装配式有檩体系钢筋混凝土屋盖、轻钢屋盖和有密铺望板的木屋盖或木楼盖；第 3 类楼（屋）盖包括瓦材屋面的木屋盖和轻钢屋盖。

3.2.2　房屋的静力计算方案

工程实践中，砌体房屋结构的静力计算方案是按房屋空间刚度的大小确定的，可分为刚性方案、弹性方案和刚弹性方案三种。

1. 刚性方案

若 Δ_s 很小，即 $\Delta_s \approx 0$，说明这类房屋的空间刚度很强。此时可把屋盖梁看作纵向墙体上端的不动铰支座。在荷载作用下，墙柱内力可按上端有不动铰支座的竖向构件计算[图 3 – 7(a)]。这类房屋称为刚性方案房屋。

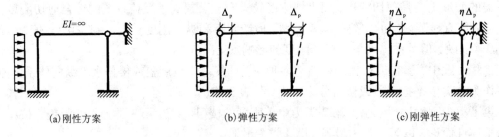

(a) 刚性方案　　　　　　(b) 弹性方案　　　　　　(c) 刚弹性方案

图 3 – 7　三种静力计算方案的基本概念

2. 弹性方案

若 $\Delta_s \approx \Delta_p$，说明这类房屋的空间刚度很弱。虽然传力还是有空间作用，但墙顶的最大水平位移与平面结构体系很接近。在荷载作用下，墙体内力可不考虑空间作用而按平面排架结构计算[图 3 – 7(b)]。图 3 – 7(b) 中 Δ_p 为柱顶位移，排架横梁代表屋盖，它的水平刚度很大，故近似地取其值为无穷大。这类房屋称为弹性方案房屋。

3.刚弹性方案

若 Δ_s 介于上述两者之间，即 $0 < \Delta_s < \Delta_p$，则称为刚弹性方案房屋。其受力状态介于刚性方案与弹性方案之间。计算简图可以取平面排架结构，但还应考虑空间作用的影响。为此，计算时在排架的柱顶加上一弹性支座，引入一个小于 1 的空间性能影响系数 η[图 3 – 7(c)]。图 3 – 7(c)中 Δ_p 为不考虑空间作用的平面排架位移。

上述三种方案计算简图的共同点是：都假定屋盖和墙顶之间的节点为铰接，即不考虑墙柱对屋盖的约束作用，形成的是平面排架。如前所述，在多层砌体房屋中，情况较为复杂，但基本概念是一致的。

显然，划分三种静力计算方案的目的，就是按实际情况考虑房屋结构存在的空间作用，并把空间结构转化成平面结构来计算。实现这一转化的途径是在计算中考虑空间性能影响系数 η。

3.2.3　房屋静力计算方案的确定

工程设计时，《砌体结构设计规范》规定房屋的三种静力计算方案可按表 3 – 2 划分。

表 3 – 2　房屋的三种静力计算方案

	屋盖及楼盖的类别	刚性方案	刚弹性方案	弹性方案
1	整体式、装配整体式和装配式无檩体系钢筋混凝土屋盖或钢筋混凝土楼盖	$s < 32$	$32 \leqslant s \leqslant 72$	$s > 72$
2	装配式有檩体系钢筋混凝土屋盖、轻钢屋盖和有密铺望板的木屋盖或木楼盖	$s < 20$	$20 \leqslant s \leqslant 48$	$s > 48$
3	瓦材屋面的木屋盖和轻钢屋盖	$s < 16$	$16 \leqslant s \leqslant 36$	$s > 36$

注：①表中 s 为房屋横墙间距，其长度单位为 m；
　　②当屋盖、楼盖类别不同或横墙间距不同时，可按对"上柔下刚"和"上刚下柔"多层房屋的规定采用；
　　③对无山墙或伸缩缝处无横墙的房屋，应按弹性方案考虑。

需要注意的是，上述三种静力计算方案，是为了计算纵墙内力按纵墙承重结构的房屋划分确定的。此时，横墙为主要抗侧力构件。

当要计算山墙内力或横墙承重结构中横墙内力时，纵墙便为主要抗侧力构件。此时，应以纵墙间距代替横墙间距作为划分静力计算方案的依据。

工程实践中，有的房屋上下层不属于同一类静力计算方案，即构成所谓上柔下刚或上刚下柔多层房屋结构。

上柔下刚房屋指顶层不符合刚性方案要求，而下面各层由楼盖类别和横墙间距可确定为刚性方案的房屋。通常，顶层为礼堂，以下各层为办公室的多层砌体房屋，顶层为木屋盖，以下各层为钢筋混凝土楼盖的多层房屋，有可能属于上柔下刚房屋。对这类房屋，顶层可按单层房屋计算，其空间性能影响系数可根据屋盖类别按表 3 – 1 采用。

上刚下柔房屋指底层不符合刚性方案要求，而上面各层符合刚性方案要求的房屋。一般地，底层设置俱乐部、食堂、商场等空旷房间，而上面各层为办公室、宿舍、招待所等横墙密集房间的砌体房屋，有可能属于上刚下柔房屋。这类房屋底层空间性能影响系数可取表 3 – 1 中第 1 类屋盖的空间性能影响系数值。

3.2.4 刚性方案和刚弹性方案房屋横墙的构造要求

如上所述，横墙间距是确定房屋纵向墙柱静力计算方案的主要依据之一。这里所说的横墙是要满足一定的刚度要求的。这是因为静力计算方案是通过一定的构造设计体现的，若把山墙的刚度削弱到一定程度(如采用轻质多孔材料等)，则刚弹性方案可能成了弹性方案；若把屋盖或楼盖及山墙的刚度显著加大，则刚弹性方案也可能形成刚性方案。因此，与表3－2相适应的刚性方案和刚弹性方案的横墙应符合下列要求。

(1)横墙中开有洞口时，洞口的水平截面面积不应超过横墙截面面积的50%。

(2)横墙的厚度不宜小于180 mm。

(3)单层房屋的横墙长度不宜小于其高度，多层房屋的横墙长度不宜小于$H/2$(H为横墙总高度)。

另外，当横墙不能同时符合上述(1)、(2)、(3)项要求时，应对横墙的刚度进行验算。其最大水平位移值$u_{max} \leqslant \dfrac{H}{4000}$时，仍可视作刚性或刚弹性方案房屋的横墙。

3.3 单层房屋的墙体内力计算

单层房屋计算时，对墙顶与屋盖连接节点为铰接的假定，反映了两构件连接处实际上存在的非整体特点。而对墙体与基础的连接点则假定为固接，且房屋的高度应从基础顶面起算。这是因为单层房屋一般高度较大，在计算风荷载的作用时，墙底部截面的弯矩值最大而不可忽略。

3.3.1 计算单元的选取

砌体房屋中承重纵墙的墙体一般较长，无论是竖向荷载作用或水平荷载作用，内力计算时均取其中有代表性(荷载，受力状态等方面)的一段$m-n$作为计算单元(图3－8)。受荷载宽度为$\dfrac{1}{2}(l_1+l_2)$，计算截面的宽度取壁柱宽加2/3墙高，但不大于窗间墙宽度及相邻壁

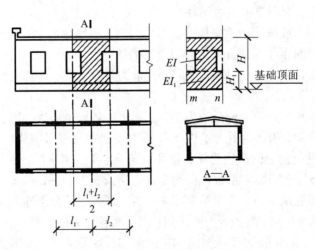

图3－8 单层砌体房屋的计算单元

柱间的距离。

墙体作为排架柱构件参加平面排架结构的工作。

纵墙往往开有门窗洞口。为简化起见,可将洞口上、下方墙体截面均取为门间墙或窗间墙截面。

3.3.2 单层房屋刚性方案房屋的墙体内力计算

(1)水平荷载作用下的承重纵墙内力。

房屋的静力水平荷载为作用于墙面上的和屋面上的风荷载。屋面上(包括女儿墙上)的风荷载一般简化为作用于屋面梁(屋架)与墙体连接处(即墙顶处)的集中力 W。墙面上的风荷载均作为均匀荷载,迎风面上为风压力(q_1)、背风面上为风吸力(q_2)(图 3-9)。工程设计中为了组合不利内力,墙面风荷载应考虑两个方向(左风和右风)。

刚性房屋空间性能显著,荷载作用下排架的柱顶水平位移可以忽略,屋盖结构作为墙体的不动铰支座,所以各墙柱可以分别计算(图 3-9)。

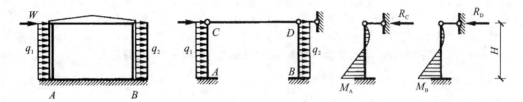

图 3-9 刚性方案单层房屋纵墙在水平荷载下的内力分析

柱顶支座反力 R(即 R_C、R_D 等),可由结构力学的方法求得,也可由下式算得

$$R = \alpha q H \tag{3-3a}$$

$$M_B = \frac{qH^2}{8} \tag{3-3b}$$

式中:系数 α 按表 3-3 取用。

由于墙体计算截面一般均取门窗洞口截面,查表时应查"等截面"一列;图 3-9 中的荷载为水平力,则 α 系数应查表中"水平力"一行。式[3-3(a)]及[3-3(b)]中 q 即为 q_1 或 q_2。求得 R_C、R_D 后,沿墙高各截面上的内力即可用静力法求得。

表 3-3 系数 α

荷载	α		
	等截面 $EI_1 = EI$	$EI_1 = 2EI$	$EI_1 = 4EI$
水平力	0.375	0.346	0.320
柱顶力矩	1.50	1.64	1.82

注:(1)本表适用于 $H_1 = H/3 \sim H/4$ 的场合;

(2)当实际 $EI_1 = EI \sim 4EI$ 时,可以用线性插入法计算。

（2）竖向荷载作用下的承重纵墙内力。

由于竖向荷载下墙顶无水平位移，仍按单个排架柱计算。

柱顶作用有屋盖结构传来的竖向力 N（包括屋盖恒载、活荷载、女儿墙重等），N 对柱轴线往往都有偏心距 e。对单层工业厂房柱，屋顶对柱顶的作用力点离柱轴线（不是柱中心线）的距离为 150 mm；钢筋混凝土屋面梁对柱顶的作用力点离柱边缘 $0.33a_0$，a_0 为屋面梁的有效支承长度。因此，柱顶的力矩为 $M = Ne$（图 3 - 10），$M_B = -\dfrac{M}{2}$。

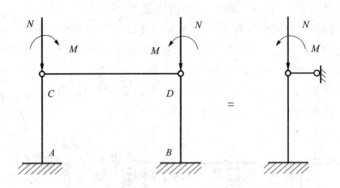

图 3 - 10　刚性方案单层房屋纵墙在竖向荷载作用下的计算简图

3.3.3　弹性方案房屋墙体内力计算简介

对于弹性方案的房屋，水平荷载作用下的承重纵墙内力，计算时不考虑空间作用（平面排架柱顶无支座），如图 3 - 11（a）所示。其在水平荷载 W 和 q_1、q_2 作用下的内力计算，可分解为两部分：先在柱顶人为地加一不动铰支座约束，利用刚性方案房屋的计算方法求出由水平荷载产生的支座反力 R 及其内力，如图 3 - 11（b）所示；但由于实际上 R 并不存在，所以第二部分是在一榀无荷载作用的排架上反向施加一柱顶反力 R 后求出内力，如图 3 - 11（c）所示。最后叠加这两部分内力就可得到弹性方案房屋的内力。

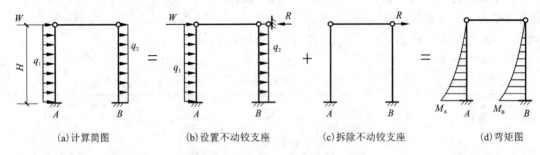

（a）计算简图　　　（b）设置不动铰支座　　　（c）拆除不动铰支座　　　（d）弯矩图

图 3 - 11　弹性方案单层房屋在水平荷载作用下的内力分析

叠加图 3 - 11（b）和（c）可得：

$$M_A = M_{A(b)} + M_{A(c)} = \frac{WH}{2} + \frac{5}{16}q_1H^2 + \frac{3}{16}q_2H^2 \tag{3 - 4a}$$

$$M_B = M_{B(b)} + M_{B(c)} = -\left(\frac{WH}{2} + \frac{3}{16}q_1H^2 + \frac{5}{16}q_2H^2\right) \qquad (3-4b)$$

在计算弹性方案房屋竖向荷载作用下的承重纵墙内力时，由于一般情况下，房屋纵墙的刚度和荷载都是对称的，所以此时的内力计算方案同刚性方案房屋。

3.3.4　单层房屋刚弹性方案房屋墙(柱)内力计算

如前所述，刚弹性的方案单层房屋的空间刚度介于弹性方案与刚性方案之间。由于房屋的空间作用，墙(柱)顶在水平方向的侧移受到一定的约束作用。其计算简图与弹性方案的计算简图相类似，所不同的是在排架顶加上一个弹性支座，以考虑房屋的空间工作。计算简图如图3-12所示。计算简图排架所受到的荷载可分解为竖向荷载作用[图3-12(b)]和风荷载作用[图3-12(c)]两部分。

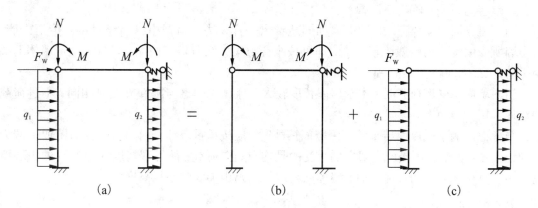

图3-12　单层刚弹性方案房屋的内力计算简图

1. 单层房屋柱、纵墙的内力计算

(1)竖向荷载作用下的内力计算。

在竖向荷载作用下[图3-12(b)]，如房屋及荷载对称，则房屋无侧移，其内力计算结果与刚性方案相同。

(2)水平荷载(风荷载)作用下的内力计算。

计算方法类似于弹性方案，由图3-13(b)、(c)两部分内力叠加得到：

$$M_A = \frac{\eta WH}{2} + \left(\frac{1}{8} + \frac{3\eta}{16}\right)q_1H^2 + \frac{3\eta}{16}q_2H^2 \qquad (3-5a)$$

$$M_B = -\left[\frac{\eta WH}{2} + \left(\frac{1}{8} + \frac{3\eta}{16}\right)q_2H^2 + \frac{3\eta}{16}q_1H^2\right] \qquad (3-5b)$$

式中：η——空间刚度影响系数，查表3-1求得。

多跨等高的刚弹性方案单层房屋，由于空间刚度比单跨房屋好，故其η值仍可按单跨房屋采用。

刚弹性方案房屋墙柱的控制截面也为柱顶Ⅰ—Ⅰ截面及柱底Ⅱ—Ⅱ截面，其承载力验算与刚性方案相同。截面验算时，应根据使用过程中可能同时作用的荷载进行组合，并取其最不利者进行验算。

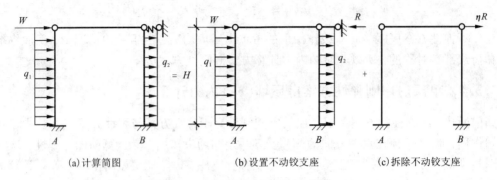

(a)计算简图   (b)设置不动铰支座   (c)拆除不动铰支座

图 3-13　刚弹性方案的内力计算

2. 单层房屋山墙的内力计算

当房屋纵墙承受风荷载时，山墙如同悬臂梁一样受力。荷载由纵墙经屋盖再传至山墙，故山墙所受的水平力一般为集中力，即可按刚性方案方法分析其内力。此时，假定墙体上端为不动铰支座，墙底固接于基础顶面。

当山墙墙承受风荷载时，由于房屋长度较大，计算简图也与刚性方案时相同，不过荷载均布地作用于墙面上。

当考虑山墙承受屋面传来的半跨竖向荷载时，应按承重墙计算内力。计算简图取上端为不动铰支座，下端为固接。一般山墙承受的是均布竖向荷载，故可取宽度 b 为 1 m 的山墙墙体作为计算单元。当为坡屋顶时，墙体高度取层高与山尖高的平均高度。

3.4　多层房屋墙体的内力计算

实际工程中，由于对房屋刚度的要求，尤其是抗震设防区的抗震要求，多层房屋结构一般都设计成刚性方案(以控制横墙间距，保证楼屋盖刚度的手段来实现)，很少采用刚弹性方案。

由于弹性方案房屋整体性差，侧向位移大，不能满足使用要求，故在工程实际中更应避免采用弹性方案。这里只讨论多层刚性方案房屋墙体的内力计算。

3.4.1　多层房屋的计算单元及计算简图

1. 多层房屋纵墙的计算单元

多层砌体房屋中的承重纵墙墙体长度一般较大，计算时要取其中有代表性的一段作为计算单元(图 3-14)。

计算单元取值为：

受荷载宽度为一个开间 $\frac{1}{2}(s_1 + s_2)$，如图 3-14 所示。有门窗洞口时，内外纵墙的计算截面宽度 B 一般取一个开间的门间墙或窗间墙的宽度；无门窗洞口时，内外纵墙的计算宽度 B 取 $\frac{1}{2}(s_1 + s_2)$，如果壁柱间距较大且层高 H 较小时 B 按下式取：

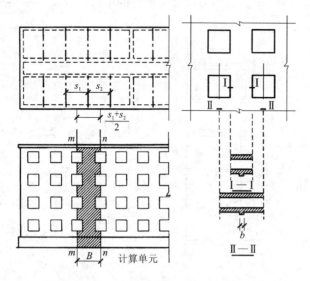

图 3 – 14　多层砌体房屋的计算单元

$$B = \left(b + \frac{2}{3}H\right) \le \frac{1}{2}(s_1 + s_2)$$

式中：b——壁柱宽度；

　　　H——层高。

在同一房屋中，各个部分墙体的截面尺寸和承受的荷载可能不尽相同，应取的计算单元也就不止一个。设计时一般在墙体最薄弱的部位选取计算单元，对墙体进行验算。

2. 多层房屋纵墙的计算简图

（1）水平荷载作用下的计算简图。

多层砌体结构房屋的承重纵墙，是一以横墙作为侧向支承，以楼、屋盖及基础顶面为上下支承的墙体。所以，在水平荷载作用下，纵墙墙体受弯，此时不能忽略墙体的连续性，应将墙体作为竖向连续梁计算。各层墙体的计算高度 H_i，底层取基础顶面至第二层楼盖梁底的距离，以上各层取上、下层梁底之间的距离[图 3 – 15（e）]。

（2）竖向荷载作用下的计算简图。

竖向荷载作用下，由于楼盖的梁和板在墙体内均有一定搁置长度，墙体在楼盖支承处的截面受到削弱，同时也削弱了墙体在楼盖处的连续性，被削弱后的截面只能承受较小的弯矩。为了简化计算，假定墙体在楼盖处和基础顶面处都为不动铰支座，而各层墙体的计算高度的取定方法同水平荷载作用的情况，如图 3 – 15（b）所示。

值得注意的是，在确定单层房屋的计算简图时，假定墙体与基础顶面的连接为固接，这是考虑到单层房屋一般层高较大，计算时需考虑风荷载的作用，墙柱底部的弯矩和轴向内力都较大，弯矩不可忽略，假定为固接与实际情况较相符。而在多层砌体房屋中，轴向力则是主要内力而且数值较大，当墙体有窗口削弱及层高不大时，可不计风荷载的作用。况且，在墙体与基础连接的截面上，轴向力是决定性因素，弯矩值相对较小，由弯矩作用引起的轴向力偏心距也很小，故在墙、柱底部和基础顶面处弯矩可以忽略，按轴心受压考虑，竖向荷载作用下多层砌体房屋纵墙的计算简图为以层为单位的单跨简支梁[图3-15(c)]。

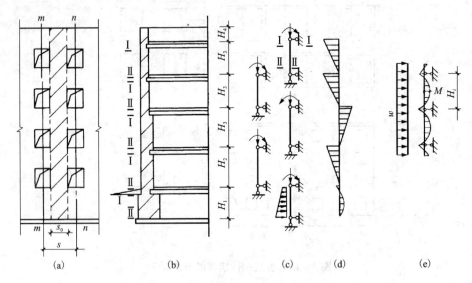

图3-15 多层刚性方案房屋计算简图

3.4.2 多层房屋承重纵墙的内力计算

墙、柱的控制截面取墙、柱的上、下端Ⅰ—Ⅰ和Ⅱ—Ⅱ截面,如图3-15(b)(c)和图3-16所示。

每层墙、柱承受的竖向荷载包括上面楼层传来的竖向荷载N_u、本层楼面梁传来的竖向荷载N_l和本层墙体自重N_G。N_u和N_l作用点位置如图3-16所示,其中N_u作用于上一楼层墙、柱截面的重心处;根据理论研究和试验的实际情况并考虑上部荷载和内力重分布的塑性影响,N_l距离墙内边缘的距离取$0.4a_0$(a_0为有效支承长度)。N_G则作用于本层墙体截面重心处。

作用于每层墙上端的轴向压力N和偏心距e分别为$N = N_u + N_l$,$e = (N_l e_1 - N_u e_0)/(N_u + N_l)$,其中$e_1$为$N_l$对本层墙体重心轴的偏心距,$e_0$为上、下层墙体重心轴线之间的距离。

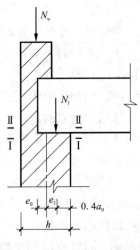

图3-16 N_u、N_l作用点

每层墙、柱的弯矩图为三角形,上端$M = Ne$,下端$M = 0$,如图3-15(d)所示。轴向力上端为$N = N_u + N_l$,下端则为$N = N_u + N_l + N_G$。

Ⅰ—Ⅰ截面的弯矩最大,轴向压力最小;Ⅱ—Ⅱ截面的弯矩最小,而轴向压力最大。

均布风荷载ω引起的弯矩可近似按式(3-6)计算:

$$M = \omega H_i^2 / 12 \tag{3-6}$$

式中:ω——计算单元每层高墙体上作用的风荷载;

H_i——层高。

对截面Ⅰ—Ⅰ，按偏心受压和局部受压验算承载力；对截面Ⅱ—Ⅱ，按轴心受压验算承载力。

对于刚性方案房屋，一般情况下风荷载引起的内力往往不足全部内力的 5%，因此墙体的承载力主要由竖向荷载所控制。基于大量计算和调查结果，当多层刚性方案房屋的外墙符合下列要求时，可不考虑风荷载的影响。

（1）洞口水平截面面积不超过全截面面积的 2/3；

（2）层高和总高不超过表 3-4 的规定；

（3）屋面自重不小于 0.8 kN/m²。

表 3-4　外墙不考虑风荷载影响时的最大高度

基本风压/(kN·m⁻²)	层高/m	总高/m
0.4	4.0	28
0.5	4.0	24
0.6	4.0	18
0.7	3.5	18

注：对于多层混凝土砌块房屋，当外墙的厚度不小于 190 mm，层高不大于 28 m，总高不大于 19.6 m，基本风压不大于 07 kN/m²时，可不考虑风荷载的影响。

试验与研究表明，墙与梁（板）连接处的约束程度与上部荷载、梁端局部压应力等因素有关。对于梁跨度大于 9 m 的墙承重的多层房屋，除按上述方法计算墙体内力外，尚需考虑梁端约束弯矩对墙体产生的不利影响。此时可按梁两端固结计算梁端弯矩，将其乘以修正系数 γ 后，按墙体线刚度分到上层墙底部和下层墙顶部。其修正系数 γ 可按式（3-7）确定：

$$\gamma = 0.2\sqrt{\frac{a}{h}} \tag{3-7}$$

式中：a——梁端实际支承长度；

h——支承墙体的墙厚，当上、下墙厚不同时取下部墙厚，当有壁柱时取 h_T。

此时Ⅱ—Ⅱ截面弯矩不为零。

3.4.3　多层房屋承重横墙的内力计算

在横墙承重的房屋中，需要对承重横墙进行承载力计算。一般情况下，房屋的纵墙长度都比较大，具有足够的抗侧力刚度，能满足刚性方案房屋关于"横墙"刚度的要求。这时应以纵墙间距和屋、楼盖类别由表 3-2 确定房屋的静力计算方案。由于纵墙的间距（房间的进深或房屋的宽度）都不会很大，横墙承重体系房屋一般都属于刚性方案房屋。

在计算承重横墙时，屋盖和楼盖都可作为横墙的不动铰支座。因此，承重横墙（包括山墙）在竖向荷载和水平荷载作用下的计算简图和内力分析方法，与刚性方案房屋和承重纵墙相同。

不过，计算应注意以下几个问题。

(1)横墙大多承受屋面板或楼板传来的均布荷载，因而可沿墙长取 1 m 宽作为计算单元。

(2)计算时，各层层高的取值原则与承重纵墙相同。但对顶层，如为坡屋顶，可取层高加山尖的平均高度，而对底层，底层地面刚度较大时(如混凝土地面)，墙体下端可取至地坪标高处。

(3)当房屋的开间相同或相差不大，而且楼面活荷载不大时，内横墙两侧由屋盖或楼盖传来的纵向力相等或接近相等，内横墙可近似按轴心受压构件进行计算，此时仅需验算各层墙底截面的承载力。如果横墙两侧开间尺寸相差悬殊，或活荷载较大，当仅一侧作用有活荷载时，横墙顶面两侧的纵向力相差较大，而使横墙承受较大的偏心弯矩(图 3 – 17)。此时应按偏心受压验算横墙的上部截面。计算偏心弯矩时，楼盖支座反力合力作用点的位置与承重纵墙计算时的规定相同。

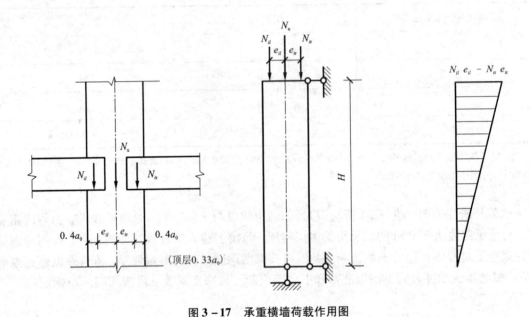

图 3 – 17　承重横墙荷载作用图

(4)山墙承受由内侧屋盖或楼盖传来的偏心荷载及作用在山墙上的风荷载，其计算方法与纵墙相同。

(5)当横墙承受大梁传来的集中荷载时，计算方法与承重纵墙相同。

(6)当横墙上开有洞口时，可取洞间墙作为计算截面。若横墙上仅有一个洞口，则计算洞边墙时应考虑过梁传来的荷载。

(7)在纵、横墙的转角墙段角部作用有集中荷载时，计算截面的长度可近似从角点算起每侧取层高的$\frac{1}{3}$。当上述墙体范围内有门窗洞口时，计算截面取至洞边，但不大于层高的$\frac{1}{3}$。计算简图仍可参照竖向荷载作用下承重纵墙的计算简图取用，即以上各层的竖向集中荷载传至本层时，可按均匀受压考虑，压应力的合力通过角形截面的形心。转角墙段可按角形截面偏心受压构件进行承载力验算。

3.4.4　梁端有效支承长度 a_0 的计算

梁端支承在砌体上时，由于梁的挠曲变形(图 3 – 18)和支承处砌体压缩变形的影响，在梁端实际支承长度 a 范围内，下部砌体并非全部起到有效支承的作用。因此梁端下部砌体局部受压的范围应只在有效支承长度 a_0 范围内，砌体局部受压面积应为 $A_l = a_0 b$ (b 为梁的宽度)。根据试验结果和理论分析，砌体结构规范规定可用式(3 – 8)计算 a_0

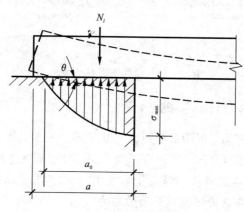

图 3 – 18　梁端局部受压

$$a_0 = 10 \sqrt{\frac{h_c}{f}} \qquad (3-8)$$

式中：h_c——梁的截面高度，mm；

f——砌体抗压强度设计值，MPa。

梁端设有刚性垫块时，梁端有效支承长度 a_0 采用刚性垫块上表面梁端有效支承长度按式(3 – 9)确定

$$a_0 = \delta_1 \sqrt{\frac{h_c}{f}} \qquad (3-9)$$

式中：δ_1——刚性垫块的影响系数，可按表 3 – 5 采用。

表 3 – 5　系数 δ_1 值表

σ_0/f	0	0.2	0.4	0.6	0.8
δ_1	5.4	5.7	6.0	6.9	7.8

注：$\sigma_0 = N_0/A$ 是上层砌体传至计算层窗间墙或计算截面的平均压应力；表中其间的数值可采用插入法求得。

垫块上 N_l 作用点的位置可取 $0.4a_0$ 处(图 3 – 19)。

当按上述方法得到的计算值 $a_0 > a$ 时，取 $a_0 = a$。

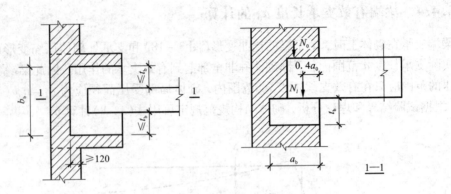

图 3-19 壁柱上设有垫块时

3.4.5　砌体结构内力计算实例

　　某四层教学综合楼的平面、剖面图如图 3-20 所示，屋盖、楼盖采用预制钢筋混凝土空心板，墙体采用烧结普通砖和水泥石灰混合砂浆砌筑，砖的强度等级为 MU10，三、四层砂浆的强度等级为 M2.5，一、二层砂浆的强度等级为 M5，施工质量控制等级为 B 级。各层墙厚如图 3-20 所示。试计算各层墙体控制截面的内力。

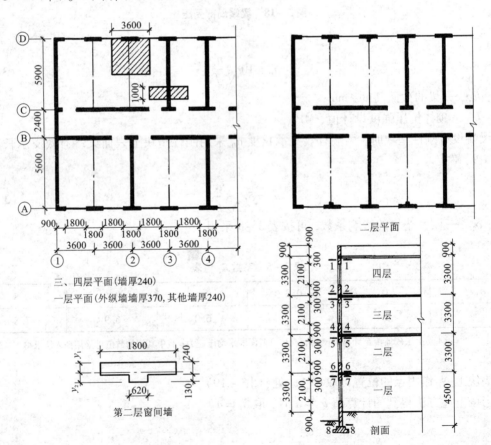

图 3-20　教学综合楼平面、剖面图

已知的荷载资料如下。

屋面自上而下的构造作法为：35 mm 厚配筋细石混凝土板；顺水方向砌 120 厚条砖高 180 mm 间距 500 mm；三毡四油沥青防水卷材，撒铺绿豆沙；40 mm 厚防水珍珠岩保温层；20 mm 厚 1:2.5 水泥砂浆找平层；110 mm 厚预应力混凝土空心板(包括灌缝)；15 mm 厚板底纸筋石灰砂浆粉刷；屋面梁的截面尺寸为 200 mm × 500 mm。

楼面自上而下的构造作法为：15 mm 大理石面层；20 mm 厚水泥砂浆找平层；110 mm 厚预应力混凝土空心板；15 mm 厚板底纸筋石灰砂浆粉刷；楼面梁的截面尺寸为 200 mm × 500 mm。

【解】

一、确定房屋的静力计算方案

最大横墙间距 $s = 3.6 \times 3 = 10.8$ m，屋盖、楼盖类别属于第 1 类，查表 3 – 2，$s < 32$ m，因此本房屋属刚性方案房屋。

二、荷载计算

1. 屋面恒荷载标准值

35 mm 厚配筋细石混凝土板	$25 \times 0.035 = 0.875$ kN/m²
顺水方向砌 120 厚条砖高 180 mm	$19 \times 0.18 \times 0.12 / 0.5 = 0.821$ kN/m²
三毡四油沥青防水卷材，撒铺绿豆沙	0.4 kN/m²
40 mm 厚防水珍珠岩	$4 \times 0.04 = 0.16$ kN/m²
20 mm 厚 1:2.5 水泥砂浆找平层	$20 \times 0.02 = 0.4$ kN/m²
110 mm 厚预应力混凝土空心板(包括灌缝)	2.0 kN/m²
15 mm 厚板底粉刷	$16 \times 0.015 = 0.24$ kN/m²
合计	4.896 kN/m²
屋面梁自重	$25 \times 0.2 \times 0.5 = 2.5$ kN/m

2. 上人屋面的活荷载标准值　　　　　　　　　　　　2.0 kN/m²

3. 楼面恒荷载标准值

15 mm 厚大理石面层	$28 \times 0.015 = 0.42$ kN/m²
20 mm 厚水泥砂浆找平	$20 \times 0.02 = 0.4$ kkN/m²
110 mm 厚预应力混凝土空心板	2.0 kN/m²
15 mm 厚板底粉刷	0.24 kN/m²
合计	3.06 kN/m²
楼面梁自重	$25 \times 0.2 \times 0.5 = 2.5$ kN/m

4. 墙体自重标准值

240 mm 厚墙体自重	5.24 kN/m²(按墙面计)
370 mm 厚墙体自重	7.71 kN/m²(按墙面计)
铝合金玻璃窗自重	0.4 kN/m²(按墙面计)

5. 楼面活荷载标准值

根据《建筑结构荷载规范》(GB 50009—2012)，教室、食堂、一般资料档案室的楼面活荷载标准值为 2.5 kN/m²。因本教学综合楼使用荷载较大，根据实际情况楼面活荷载标准值取 3.0 kN/m²。此外，按荷载规范，设计房屋墙和基础时，楼面活荷载标准值采用与其楼面梁相同的折减系数，而楼面梁的从属面积为 $5.9 \times 3.6 = 21.24 \ m^2 < 50 \ m^2$，因此，楼面活荷载不必折减。

该房屋所在地区的基本风压为 $0.35 \ kN/m^2$，且房屋层高小于 4 m，房屋总高小于 28 m，由表 3—4 可知，该房屋设计时可不考虑风荷载的影响。

三、纵墙控制截面内力计算

1.选取计算单元

该房屋有内、外纵墙。对于外纵墙，相对而言，Ⓓ轴纵墙比Ⓐ轴线墙更不利。对于内纵墙，虽然走廊楼面荷载使内纵墙(Ⓑ、Ⓒ轴线)上的竖向压力有所增加，但梁(板)支承处墙体的轴向力偏心距却有所减小，并且内纵墙上的洞口宽度较外纵墙上的小。因此可只在Ⓓ轴线上取一个开间的外纵墙作为计算单元，其受荷面积为 $3.6 \times 2.95 = 10.62 \ m^2$(实际需扣除一部分墙体的面积，这里仍近似地以轴线尺寸计算)。

2.确定计算控制截面

通常每层墙的控制截面位于墙的顶部梁(或板)的底面(如截面1—1)和墙底的底面(如截面2—2)处。在截面1—1等处，梁(或板)传来的支承压力产生的弯矩最大，且为梁(或板)端支承处，其偏心受压和局部受压均为不利。相对而言，截面2—2等处承受的轴向压力最大(相同楼层条件下)。

本楼第三层和第四层墙体所用的砖、砂浆强度等级、墙厚虽相同，但轴向力的偏心距不同；第一层和第二层墙体的墙厚不同，因此需对截面1—1~8—8的控制截面内力分别进行计算。

3.荷载计算

取一个计算单元，作用于纵墙的荷载标准值如下：

屋面恒荷载

$$4.896 \times 10.62 + 2.5 \times 2.95 = 59.37 \ kN$$

女儿墙自重(厚240 mm，高900 mm，双面粉刷)

$$5.24 \times 0.9 \times 3.6 = 16.98 \ kN$$

二、三、四层楼面恒荷载

$$3.06 \times 10.62 + 2.5 \times 2.95 = 39.87 \ kN$$

屋面活荷载

$$2.0 \times 10.62 = 21.24 \ kN$$

二、三、四层楼面活荷载

$$3.0 \times 10.62 = 31.86 \ kN$$

三、四层墙体和窗自重

$$5.24 \times (3.3 \times 3.6 - 2.1 \times 1.8) + 0.4 \times 2.1 \times 1.8 = 43.96 \ kN$$

二层墙体(包括壁柱)和窗自重

$$5.24 \times (3.3 \times 3.6 - 2.1 \times 1.8 - 0.62 \times 3.3) + 0.4 \times 2.1 \times 1.8 + 7.71 \times 0.62 \times 3.3 = 49.01 \ kN$$

一层墙体和窗自重

$$7.71 \times (3.6 \times 4.5 - 2.1 \times 1.8) + 0.4 \times 2.1 \times 1.8 = 97.27 \ kN$$

4.控制截面的内力计算

（1）第四层

第四层截面 1—1 处

由屋面荷载产生的轴向力设计值应考虑两种内力组合。

$N_1^{(1)} = 1.2 \times (59.37 + 16.98) + 1.4 \times 21.24 = 121.36$ kN

$N_1^{(2)} = 1.35 \times (59.37 + 16.98) + 1.4 \times 0.7 \times 21.24 = 123.89$ kN

$N_{5l}^{(1)} = 1.2 \times 59.37 + 1.4 \times 21.24 = 100.98$ kN

$N_{5l}^{(2)} = 1.35 \times 59.37 + 1.4 \times 0.7 \times 21.24 = 100.96$ kN

三、四层墙体采用 MU10 烧结普通砖、M2.5 水泥石灰混合砂浆砌筑，查表 1-1 可知砌体的抗压强度设计值 $f = 1.3$ MPa；一、二层墙体采用 MU10 烧结普通砖、M5 水泥混合砂浆砌筑，砌体的抗压强度设计值 $f = 1.5$ MPa。

屋（楼）面梁端均设有刚性垫块，由式（3-8）和表 3-5，取 $\sigma_0/f \approx 0$，$\delta_1 = 5.4$，此时刚性垫块上表面处梁端有效支承长度 $a_{0,b}$ 为：

$$a_{0,b} = 5.4 \sqrt{\frac{h_c}{f}} = 5.4 \sqrt{\frac{500}{1.3}} = 106 \text{ mm}$$

$M_1^{(1)} = N_{5l}^{(1)} (y - 0.4 a_{0,b}) = 100.98 \times (0.12 - 0.4 \times 0.106) = 7.836$ kN·m

$M_1^{(2)} = N_{5l}^{(2)} (y - 0.4 a_{0,b}) = 100.96 \times (0.12 - 0.4 \times 0.106) = 7.834$ kN·m

$e_1^{(1)} = M_1^{(1)} / N_1^{(1)} = 7.836/121.36 = 0.065$ m

$e_1^{(2)} = M_1^{(2)} / N_1^{(1)} = 7.834/123.89 = 0.063$ m

第四层截面 2—2 处

轴向力为上述荷载 N_1 与本层墙自重之和

$N_2^{(1)} = 121.36 + 1.2 \times 43.96 = 174.11$ kN

$N_2^{(2)} = 123.89 + 1.35 \times 43.96 = 183.24$ kN

（2）第三层

第三层截面 3—3 处

轴向力为上述荷载 N_2 与本层楼盖荷载 N_{4l} 之和。

$N_{4l}^{(1)} = 1.2 \times 39.87 + 1.4 \times 31.86 = 92.45$ kN

$N_3^{(1)} = 174.11 + 92.45 = 266.56$ kN

$\sigma_0^{(1)} = \dfrac{174.11 \times 10^{-3}}{1.8 \times 0.24} = 0.403$ MPa，$\sigma_0^{(1)}/f = 0.403/1.3 = 0.31$，查表 3-5，$\delta_1^{(1)} = 5.865$，

则 $a_{0,b}^{(1)} = 5.865 \sqrt{\dfrac{500}{1.3}} = 115$ mm，

$M_3^{(1)} = N_{4l}^{(1)} (y - 0.4 a_{0,b}^{(1)}) = 92.45 \times (0.12 - 0.4 \times 0.115) = 6.84$ kN·m

$e_3^{(1)} = M_3^{(1)} / N_3^{(1)} = 6.84/266.56 = 0.026$ m

$N_{4l}^{(2)} = 1.35 \times 39.87 + 1.4 \times 0.7 \times 31.86 = 85.05$ kN

$N_3^{(2)} = 183.24 + 85.05 = 268.29$ kN

$\sigma_0^{(2)} = \dfrac{183.24 \times 10^{-3}}{1.8 \times 0.24} = 0.424$ MPa

$\sigma_0^{(2)}/f = 0.424/1.3 = 0.33$

查表 3 - 5，$\delta_1^{(2)} = 5.89$，则

$$a_{0,b}^{(2)} = 5.89 \sqrt{\frac{500}{1.3}} = 116 \text{ mm}$$

$$M_3^{(2)} = N_{4l}^{(2)}(y - 0.4a_{0,b}^{(2)}) = 85.05 \times (0.12 - 0.4 \times 0.116) = 6.26 \text{ kN} \cdot \text{m}$$

$$e_3^{(2)} = M_3^{(2)}/N_3^{(2)} = 6.26/268.29 = 0.023 \text{ m}$$

第三层截面 4—4 处

轴向力为上述荷载 N_3 与本层墙自重之和，

$$N_4^{(1)} = 266.56 + 1.2 \times 43.96 = 319.31 \text{ kN}$$

$$N_4^{(2)} = 268.29 + 1.35 \times 43.96 = 327.64 \text{ kN}$$

（3）第二层

第二层截面 5—5 处

轴向力为上述荷载 N_4 与本层楼盖荷载之和

$$N_{3l}^{(1)} = 92.45 \text{ kN}$$

$$N_5^{(1)} = 319.31 + 92.45 = 411.76 \text{ kN}$$

$$\sigma_0^{(1)} = 319.31 \times 10^{-3}/0.5126 = 0.623 \text{ MPa}$$

$$\sigma_0^{(1)}/f = 0.623/1.5 = 0.42$$

查表 3 - 5，$\delta_1^{(1)} = 6.09$，则

$$a_{0,b}^{(1)} = 6.09 \sqrt{\frac{500}{1.5}} = 111 \text{ mm}$$

$$M_5^{(1)} = N_{3l}^{(1)}(y_2 - 0.4a_{0,b}^{(1)}) - N_4^{(1)}(y_1 - y)$$

$$= 92.45 \times (0.221 - 0.4 \times 0.111) - 319.31 \times (0.149 - 0.12) = 7.067 \text{ kN} \cdot \text{m}$$

$$e_5^{(1)} = M_5^{(1)}/N_5^{(1)} = 7.067/411.76 = 0.017 \text{ m}$$

$$N_{3l}^{(2)} = 85.05 \text{ kN}$$

$$N_5^{(2)} = 327.64 + 85.05 = 412.69 \text{ kN}$$

$$\sigma_0^{(2)} = 327.64 \times 10^{-3}/0.5126 = 0.639 \text{ MPa}$$

$$\sigma_0^{(2)}/f = 0.639/1.5 = 0.43$$

查表 3 - 5，$\delta_1^{(2)} = 6.14$，则

$$a_{0,b}^{(2)} = 6.14 \sqrt{\frac{500}{1.5}} = 112 \text{ mm}$$

$$M_5^{(2)} = 85.05 \times (0.221 - 0.4 \times 0.112) - 327.64 \times (0.149 - 0.12) = 5.484 \text{ kN} \cdot \text{m}$$

$$e_5^{(2)} = 5.484/412.69 = 0.013 \text{ m}$$

第二层截面 6—6 处

轴向力为上述荷载 N_5 与本层墙体自重之和

$$N_6^{(1)} = 411.76 + 1.2 \times 49.01 = 470.57 \text{ kN}$$

$$N_6^{(2)} = 412.69 + 1.35 \times 49.01 = 478.85 \text{ kN}$$

（4）第一层

第一层截面 7—7 处

轴向力为上述荷载 N_6 与本层楼盖荷载之和

$N_{2l}^{(1)} = 92.45 \text{ kN}$

$N_7^{(1)} = 470.57 + 92.45 = 563.02 \text{ kN}$

$\sigma_0^{(1)} = 470.57 \times 10^{-3} / (1.8 \times 0.37) = 0.707 \text{ MPa}$

$\sigma_0^{(1)} / f = 0.707 / 1.5 = 0.47$

查表 3-5，$\delta_1^{(1)} = 6.32$，则

$a_{0,\text{b}}^{(1)} = 6.32 \sqrt{\dfrac{500}{1.5}} = 115 \text{ mm}$

$M_7^{(1)} = N_{2l}^{(1)} (y - 0.4 a_{0,\text{b}}^{(1)}) - N_6^{(1)} (y - y_1)$

$= 92.45 \times (0.185 - 0.4 \times 0.115) - 470.57 \times (0.185 - 0.149)$

$= -4.09 \text{ kN} \cdot \text{m}$

$e_7^{(1)} = 4.09 / 563.02 = 0.007 \text{ m}$

$N_{2l}^{(2)} = 85.05 \text{ kN}$

$N_7^{(2)} = 478.85 + 85.05 = 563.90 \text{ kN}$

$\sigma_0^{(2)} = 478.85 \times 10^{-3} / (1.8 \times 0.37) = 0.719 \text{ MPa}$

$\sigma_0^{(2)} / f = 0.719 / 1.5 = 0.48$

查表 3-5，$\delta_1^{(2)} = 6.36$，则

$a_{0,\text{b}}^{(2)} = 6.36 \sqrt{\dfrac{500}{1.5}} = 116 \text{ mm}$

$M_7^{(2)} = 85.05 \times (0.185 - 0.4 \times 0.116) - 478.85 \times (0.185 - 0.149) = -5.45 \text{ kN} \cdot \text{m}$

$e_7^{(2)} = 5.45 / 563.9 = 0.010 \text{ m}$

第一层截面 8—8 处

轴向力为上述荷载 N_7 与本层墙体自重之和

$N_8^{(1)} = 563.02 + 1.2 \times 97.27 = 679.74 \text{ kN}$

$N_8^{(2)} = 563.9 + 1.35 \times 97.27 = 695.21 \text{ kN}$

本章小结

1. 混合结构房屋的结构布置，根据竖向荷载的传递方式有四种承重体系：横墙承重体系、纵墙承重体系、纵横墙混合承重体系以及内框架承重体系。它们在房屋的使用功能、刚度、整体性等诸方面各有优缺点。

2. 混合结构房屋墙体内力计算的步骤是：进行结构布置、确定静力计算方案（计算简图）、计算墙体控制截面的内力。

3. 混合结构房屋根据抗侧移刚度的大小，分为三种静力计算方案：刚性方案、刚弹性方案以及弹性方案。其划分的主要根据是刚性横墙的间距及屋盖、楼盖的类型（刚度）。在单层混合结构房屋中，刚性、刚弹性和弹性静力计算方案都可能遇到。多层混合结构房屋一般为刚性方案，有时也设计成上刚下弹或下刚上弹的静力计算方案。

4. 对于刚弹性方案房屋的空间作用性能，主要通过各层空间性能影响系数 η_i 来反映。在计算其墙、柱内力时，先按在各层楼盖（屋盖）处为无侧移的结构进行分析，并求出不动铰

支处的水平反力 R_i；然后，在各铰支处反向作用 $\eta_i R_i$，再按有侧移结构分析；最后，叠加上两种状态，即可求得刚弹性方案房屋墙、柱的内力。

思考题

1. 混合结构房屋有哪几种承重体系？它们各有何优缺点？

2. 什么叫刚性横墙？它应满足哪些条件？

3. 混合结构房屋静力计算方案有哪几种？它主要根据什么来确定？试以单层房屋为例，绘出相应的三种静力计算方案的计算简图。

4. 如何计算刚弹性方案房屋墙柱的内力？

5. 在多层刚性方案房屋墙、柱的内力计算中，采用了哪些近似假定？它们的计算简图如何？

习题

某四层教学综合楼的平面、剖面图如图 3-21 所示，屋盖、楼盖采用预制钢筋混凝土空心板，墙体采用烧结普通砖和水泥石灰混合砂浆砌筑，砖的强度等级为 MU10，三、四层砂浆的强度等级为 M5.0，一、二层砂浆的强度等级为 M7.5，施工质量控制等级为 B 级。各层墙厚如图 3-21 所示。试计算各层墙体控制截面的内力。

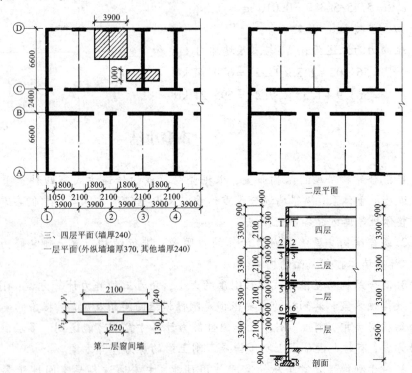

图 3-21　教学综合楼平面、剖面图

已知的荷载资料如下。

屋面自上而下的构造作法为：35 mm 厚配筋细石混凝土板；顺水方向砌120 厚条砖高180 mm 间距 500 mm；三毡四油沥青防水卷材，撒铺绿豆沙；40 mm 厚防水珍珠岩保温层；20 mm 厚 1:2.5 水泥砂浆找平层；110 mm 厚预应力混凝土空心板(包括灌缝)；15 mm 厚板底纸筋石灰砂浆粉刷；屋面梁的截面尺寸为 250 mm×600 mm。

楼面自上而下的构造作法为：15 mm 大理石面层；20 mm 厚水泥砂浆找平层；110 mm 厚预应力混凝土空心板；15 mm 厚板底纸筋石灰砂浆粉刷；楼面梁的截面尺寸为 250 mm×600 mm。

自测题

自测题答案

一、单项选择题

1.影响砌体结构房屋空间工作性能的主要因素是(　　　　)。

A.房屋结构所用块材和砂浆的强度等级

B.外纵墙的高厚比和门窗洞口的开设是否超过规定

C.圈梁和构造柱的设置是否满足规范的要求

D.房屋屋盖、楼盖的类别和横墙的间距

2.在竖向荷载作用下，多层刚性方案房屋砖砌墙体在基础顶面处的计算简图(　　　　)

A.因轴力大、弯矩大，故简化为固接　　　　B.因轴力小、弯矩小，故简化为铰接

C.因轴力小、弯矩大，故简化为固接　　　　D.因轴力大、弯矩小，故简化为铰接

3.在水平风荷载作用下，多层刚性方案房屋纵墙内力计算与(　　　　)相同。

A.横向连续梁　　　B.横向简支梁　　　C.竖向连续梁　　　D.竖向简支梁

4.对于整体式的钢筋混凝土屋盖，当 $s<32$ m 时，砌体结构房屋的静力计算方案属于(　　　　)。

A.刚性方案　　　　B.刚弹性方案　　　　C.弹性方案　　　　D.不能确定

5.对于整体式的钢筋混凝土屋盖，当 $s>72$ 时，砌体结构房屋的静力计算方案属于(　　　　)。

A.刚性方案　　　　B.刚弹性方案　　　　C.弹性方案　　　　D.不能确定

6.混合结构房屋的空间刚度与(　　　　)有关。

A.屋盖(楼盖)类别、横墙间距　　　　　　B.横墙间距、有无山墙

C.有无山墙、施工质量　　　　　　　　　　D.屋盖(楼盖)类别、施工质量

7.单层刚性方案承重墙内力计算时，其计算简图为(　　　　)。

A.墙体上端与屋盖铰接，下端与基础固结，屋盖为墙体的不动铰支座

B.墙体上端与屋盖铰接，下端与基础铰结，屋盖为墙体的不动铰支座

C.墙体上端与屋盖固接，下端与基础铰结，屋盖为墙体的不动铰支座

D.墙体上端与屋盖固接，下端与基础固结，屋盖为墙体的不动铰支座

8.下列叙述(　　　　)作为刚性和刚弹性方案的横墙是错误的。

A.墙体的厚度不宜小于180 mm

B.横墙中有洞口时，洞口的水平截面积大于其总截面的50%

C.单层房屋横墙的长度不宜小于其高度，多层房屋的横墙长度不宜小于其总高度的一半

D.如果横墙的最大位移小于等于 H/4000，仍可作为判断静力计算的横墙

9.对单层房屋带壁柱墙的承载力验算，带壁柱墙的翼缘宽度取(　　　　)。

A.$b_f = b + 2H/3$ (b 为壁柱宽度, H 为墙高), 但不大于窗间墙的宽度或相邻壁柱间的距离

B.壁柱间的距离　　　　C.窗间墙的宽度　　　　D.壁柱的宽度

10.单层刚弹性方案的房屋，在进行静力计算时按(　　　　)分析。

A.平面排架

B.具有不动铰支座的平面排架

C.考虑空间工作的平面排架

11.砌体房屋的静力计算，根据(　　　　)分为刚性方案、弹性方案和刚弹性方案。

A.材料的强度设计值　　　　　　　　B.荷载的大小

C.房屋的空间工作性能　　　　　　　D.受力的性质

12.下列几种砌体房屋承重结构形式中，(　　　)抗震性能最好。

A.横墙承重结构　　　　　　　　　　B.纵墙承重结构

C.纵横墙承重结构　　　　　　　　　D.内框架砌体结构

二、多选题

下列取值或取法，哪些是正确的？(　　　　　　)

A.由本层楼盖梁传至墙的支承压力，其作用点位于距墙内边为 $0.4a_0$ 处

B.多层刚性方案的房屋，作用在外纵墙上的风荷载，弯矩近似按 $M = 1/12qH_i^2$ 计算

C.顶层为坡屋顶的横墙，计算高度 H 取层高加山墙尖高的一半

D.横墙承重的多层房屋，控制截面取每层的底部截面

三、填空题

1.混合结构房屋中，当横墙的开洞率小于_____时，该墙体可以作为刚性和刚弹性方案房屋的横墙。

2.砌体结构房屋墙体的承重体系，概括起来一般可分为_____、横墙承重体系、_____、内框架承重体系四种承重体系。

3.房屋静力计算方案有_____、_____和_____三种方案。房屋的空间工作性能主要取决于_____和_____。

4.混合结构房屋的结构布置方案分为_____、_____、_____、_____。

四、判断题

1.对无山墙或伸缩缝处无横墙的砌体房屋，其静力计算应按刚弹性方案考虑。　　(　　)

2.砌体房屋中平行于房屋短向的墙体为纵墙，平行于房屋长向的墙体为横墙。　　(　　)

3.纵墙承重方案的房屋，纵墙上的门窗洞口的大小和位置应受到一定的限制。　　(　　)

4.空间性能影响系数 η 值越大，则房屋空间刚度越差。　　　　　　　　　　　(　　)

第4章　无筋砌体受压构件

学习目标

1. 了解影响无筋砌体受压构件承载力的主要因素。

2. 重点掌握无筋砌体受压构件承载力计算公式及其适用的范围,了解偏心距限值的工程意义。

3. 了解无筋砌体局部受压的力学特征,认识验算局部受压承载力的重要性,熟练掌握局部受压承载力验算的基本公式。

4. 掌握砌体中梁下设置垫块的构造及其计算方法。

4.1　受压短柱的承载力研究

4.1.1　轴心受压短柱

在轴心压力作用下,短柱截面的应力是均匀分布的,它的破坏是属于一种材料破坏,如图4-1(a)所示。该应力达到砌体抗压强度f时,轴心受压短柱的承载力N_u为

$$N_u = Af \qquad\qquad (4-1)$$

式中:A——柱截面面积;

f——砌体抗压强度设计值。

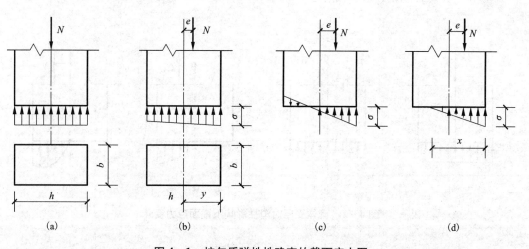

图4-1　按匀质弹性性确定的截面应力图

4.1.2 偏心受压短柱

当轴向压力偏心距较小时[图4-1(b)],截面虽然全部受压,但应力分布不均匀,破坏将发生在压应力较大一侧。当轴向压力的偏心距进一步增大时,截面将出现受拉区[图4-1(c)],此时如果应力未达到砌体的通缝抗拉强度,受拉边不会开裂。如果偏心距继续增大[图4-1(d)],受拉侧将较早开裂,此时只有砌体局部的受压区压应力与轴向力平衡。

如把砌体看作匀质弹性体,并按材料力学公式计算,则截面压应力较大边缘的应力 σ[图4-1(b)、(c)、(d)]为

$$\sigma = \frac{N_e}{A} + \frac{N_e e}{I} y = \frac{N_e}{A}\left(1 + \frac{ey}{i^2}\right)$$

当上述边缘应力达到砌体抗压强度 f 时,该柱能承受的压力为

$$N_e = \frac{1}{1 + ey/i^2} A f \qquad\qquad (4-2)$$

令 $\varphi_1 = \dfrac{1}{1 + ey/i^2}$,则对于矩形截面柱

$$\varphi_1 = \frac{1}{1 + 6e/h}$$

式中：e——轴向力的偏心距;

　　　h——矩形截面沿轴向力偏心方向的边长;

　　　φ_1——按材料力学公式计算砌体的偏心影响系数;

　　　i——截面的回转半径,$i = \sqrt{I/A}$;

　　　y——截面重心到压应力较大边缘的距离。

大量的砌体受压试验表明,按上述材料力学公式计算砌体的偏心影响系数,其承载力远低于试验结果。事实上,由于砌体的弹塑性性能,偏压砌体截面上应力呈曲线分布,如图4-2所示。

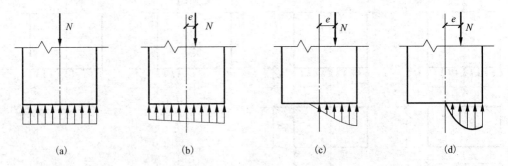

图4-2　砌体受压时塑性影响下截面应力变化

偏心距较大的受压构件,当受拉边缘的应力大于砌体沿通缝截面的弯曲抗拉强度时,将会产生水平裂缝。随着裂缝的发展,受压面积逐渐减小,该受压部分砌体,具有局部受压性质,强度会有一定的提高。这些影响对砌体的承载力都是有利的,但在材料力学公式中未考虑这些因素。

根据我国大量的试验资料，经统计分析，砌体受压时的偏心影响系数可按式(4-3)计算

$$\varphi_e = \frac{1}{1+(e/i)^2} \tag{4-3}$$

式中：i——截面回转半径；

φ_e——砌体受压时偏心影响系数。

对于矩形截面砌体

$$\varphi_e = \frac{1}{1+12(e/h)^2} \tag{4-4}$$

对于 T 形截面砌体

$$\varphi_e = \frac{1}{1+12(e/h_T)^2} \tag{4-5}$$

式中：h_T——T 形截面的折算厚度，$h_T = 3.5i$。

如此，砌体偏心受压短柱承载力计算公式为

$$N_u = \varphi_e A f \tag{4-6}$$

4.2　受压长柱的承载力研究

4.2.1　轴心受压长柱

细长柱在承受轴心压力时，往往由于侧向变形过大而发生纵向弯曲破坏，所以在承载力计算中要考虑稳定系数 φ_0 的影响。根据材料力学压杆稳定理论并全面考虑砖和砂浆强度及其他因素对构件纵向弯曲的影响，《规范》规定按式(4-7)计算轴心受压柱的稳定系数

$$\varphi_0 = \frac{1}{1+\alpha\beta^2} \tag{4-7}$$

式中：α——与砂浆强度 f_2 有关的系数，$f_2 \geqslant 5$ MPa 时，$\alpha = 0.0015$；$f_2 = 2.5$ MPa 时，$\alpha = 0.002$；$f_2 = 0$ 时，$\alpha = 0.009$。

β——构件的高厚比，对于矩形截面 $\beta = H_0/h$，对于 T 形截面 $\beta = H_0/h_T$；H_0 为受压构件的计算高度(对单层厂房和多层房屋的墙、柱，可按表4-1的规定采用)；h 为矩形截面轴向力偏心方向的边长，当轴心受压时，为截面较小边边长；h_T 为 T 形截面的折算厚度，可近似取 $h_T = 3.5i$，此处 i 为 T 形截面回转半径，$i = \sqrt{I/A}$。

当 $\beta \leqslant 3$ 时，$\varphi_0 = 1.0$。

因此，轴心受压长柱的承载力为

$$N_u = \varphi_0 A f \tag{4-8}$$

4.2.2　偏心受压长柱

在偏心压力作用下，细长柱的侧向变形又形成一个附加偏心距，使得荷载偏心距增大，这样的相互作用加剧了柱的破坏。图 4-3 为偏心受压构件，设纵向弯曲而产生的附加偏心距为 e_i，若以新的偏心距 $e+e_i$ 代替式(4-3)中原偏心距 e，可得受压长柱考虑纵向弯曲时的偏心距影响系数为

67

$$\varphi = \cfrac{1}{1+\left(\cfrac{e+e_i}{i}\right)^2} \qquad (4-9)$$

在轴心压力下，$e=0$ 时 $\varphi=\varphi_0$，故得

$$e_i = i\sqrt{(1/\varphi_0)-1}$$

将上式 e_i 代回式（4-9），可得任意截面的偏心受压构件承载力的影响系数为

$$\varphi = \cfrac{1}{1+\cfrac{\left[e+i\sqrt{(1/\varphi_0)-1}\right]^2}{i^2}} \qquad (4-10)$$

对于矩形截面构件，$i=h/\sqrt{12}$，将式（4-7）中的 φ_0 代入上面 e_i 的计算公式中，则

$$e_i = h\beta\sqrt{\alpha/12} \qquad (4-11)$$

将式（4-11）代入式（4-9），从而可得《砌体结构设计规范》给出的高厚比和轴向力偏心距对受压构件承载力的影响系数的计算通式

$$\varphi = \cfrac{1}{1+12\left[\cfrac{e}{h}+\sqrt{\cfrac{1}{12}\left(\cfrac{1}{\varphi_0}-1\right)}\,\right]^2} \qquad (4-12)$$

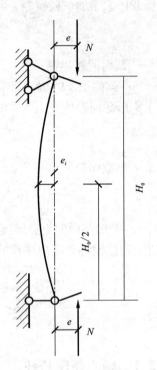

图 4-3 偏心受压构件的纵向弯曲

对于 T 形截面构件，以折算厚度 h_T，代替式（4-12）中的 h 来计算 φ 值。从式中不难看出，当 $\varphi_0=1$ 时，影响系数即等于砌体的偏心影响系数 φ_e；当 $e=0$ 时，影响系数等于砌体受压时的稳定系数（$\varphi=\varphi_0$），所以式（4-12）为影响系数的计算通式。

为了便于计算，《砌体结构设计规范》给出了烧结普通砖和烧结多孔砖的 φ 计算用表（表 4-1～表 4-3）。

表 4-1 影响系数 φ（砂浆强度等级 ≥M5）

β	$\dfrac{e}{h}$ 或 $\dfrac{e}{h_T}$												
	0	0.025	0.05	0.075	0.1	0.125	0.15	0.175	0.2	0.225	0.25	0.275	0.3
≤3	1	0.99	0.97	0.94	0.89	0.84	0.79	0.73	0.68	0.62	0.57	0.52	0.48
4	0.98	0.95	0.90	0.85	0.80	0.74	0.69	0.64	0.58	0.53	0.49	0.45	0.41
6	0.95	0.91	0.86	0.81	0.75	0.69	0.64	0.59	0.54	0.49	0.45	0.42	0.38
8	0.91	0.86	0.81	0.76	0.70	0.64	0.59	0.54	0.50	0.46	0.42	0.39	0.36
10	0.87	0.82	0.76	0.71	0.65	0.60	0.55	0.50	0.46	0.42	0.39	0.36	0.33
12	0.82	0.77	0.71	0.66	0.60	0.55	0.51	0.47	0.43	0.39	0.36	0.33	0.31
14	0.77	0.72	0.66	0.61	0.56	0.51	0.47	0.43	0.40	0.36	0.34	0.31	0.29

β	$\dfrac{e}{h}$ 或 $\dfrac{e}{h_\mathrm{T}}$												
	0	0.025	0.05	0.075	0.1	0.125	0.15	0.175	0.2	0.225	0.25	0.275	0.3
16	0.72	0.67	0.61	0.56	0.52	0.47	0.44	0.40	0.37	0.34	0.31	0.29	0.27
18	0.67	0.62	0.57	0.52	0.48	0.44	0.40	0.37	0.34	0.31	0.29	0.27	0.25
20	0.62	0.57	0.53	0.48	0.44	0.40	0.37	0.34	0.32	0.29	0.27	0.25	0.23
22	0.58	0.53	0.49	0.45	0.41	0.38	0.35	0.32	0.30	0.27	0.25	0.24	0.22
24	0.54	0.49	0.45	0.41	0.38	0.35	0.32	0.30	0.28	0.26	0.24	0.22	0.21
26	0.50	0.46	0.42	0.38	0.35	0.33	0.30	0.28	0.26	0.24	0.22	0.21	0.19
28	0.46	0.42	0.39	0.36	0.33	0.30	0.28	0.26	0.24	0.22	0.21	0.19	0.18
30	0.42	0.39	0.36	0.33	0.31	0.28	0.26	0.24	0.22	0.21	0.20	0.18	0.17

表 4-2　影响系数 φ(砂浆强度等级≥M2.5)

β	$\dfrac{e}{h}$ 或 $\dfrac{e}{h_\mathrm{T}}$												
	0	0.025	0.05	0.075	0.1	0.125	0.15	0.175	0.2	0.225	0.25	0.275	0.3
≤3	1	0.99	0.97	0.94	0.89	0.84	0.79	0.73	0.68	0.62	0.57	0.52	0.48
4	0.97	0.94	0.89	0.84	0.78	0.73	0.67	0.62	0.57	0.52	0.48	0.44	0.4
6	0.93	0.89	0.84	0.78	0.73	0.67	0.62	0.57	0.52	0.48	0.44	0.4	0.37
8	0.89	0.84	0.78	0.72	0.67	0.62	0.57	0.52	0.48	0.44	0.4	0.37	0.34
10	0.83	0.78	0.72	0.67	0.61	0.56	0.52	0.47	0.43	0.4	0.37	0.34	0.31
12	0.78	0.72	0.67	0.61	0.56	0.52	0.47	0.43	0.40	0.37	0.34	0.31	0.29
14	0.72	0.66	0.61	0.56	0.51	0.47	0.43	0.40	0.36	0.34	0.31	0.29	0.27
16	0.66	0.61	0.56	0.51	0.47	0.43	0.40	0.36	0.34	0.31	0.29	0.26	0.25
18	0.61	0.56	0.51	0.47	0.43	0.40	0.36	0.33	0.31	0.29	0.26	0.24	0.23
20	0.56	0.51	0.47	0.43	0.39	0.36	0.33	0.31	0.28	0.26	0.24	0.23	0.21
22	0.51	0.47	0.43	0.39	0.36	0.33	0.31	0.28	0.26	0.24	0.23	0.21	0.20
24	0.46	0.43	0.39	0.36	0.33	0.31	0.28	0.26	0.24	0.23	0.21	0.20	0.18
26	0.42	0.39	0.36	0.33	0.31	0.28	0.26	0.24	0.22	0.21	0.20	0.18	0.17
28	0.39	0.36	0.33	0.30	0.28	0.26	0.24	0.22	0.21	0.20	0.18	0.17	0.16
30	0.36	0.33	0.30	0.28	0.26	0.24	0.22	0.21	0.20	0.18	0.17	0.16	0.15

表 4-3 影响系数 φ（砂浆强度等级为 0）

β	$\dfrac{e}{h}$ 或 $\dfrac{e}{h_T}$												
	0	0.025	0.05	0.075	0.1	0.125	0.15	0.175	0.2	0.225	0.25	0.275	0.3
≤3	1	0.99	0.97	0.94	0.89	0.84	0.79	0.73	0.68	0.62	0.57	0.52	0.48
4	0.87	0.82	0.77	0.71	0.66	0.60	0.55	0.51	0.46	0.43	0.39	0.36	0.33
6	0.76	0.70	0.65	0.59	0.54	0.50	0.46	0.42	0.39	0.36	0.33	0.30	0.28
8	0.63	0.58	0.54	0.49	0.45	0.41	0.38	0.35	0.32	0.30	0.28	0.25	0.24
10	0.53	0.48	0.44	0.41	0.37	0.34	0.32	0.29	0.27	0.25	0.23	0.22	0.20
12	0.44	0.40	0.37	0.34	0.31	0.29	0.27	0.25	0.23	0.21	0.20	0.19	0.17
14	0.36	0.33	0.31	0.28	0.26	0.24	0.23	0.21	0.20	0.18	0.17	0.16	0.15
16	0.30	0.28	0.26	0.24	0.22	0.21	0.19	0.18	0.17	0.16	0.15	0.14	0.13
18	0.26	0.24	0.22	0.21	0.19	0.18	0.17	0.16	0.15	0.14	0.13	0.12	0.12
20	0.22	0.20	0.19	0.18	0.17	0.16	0.15	0.14	0.13	0.12	0.12	0.11	0.10
22	0.19	0.18	0.16	0.15	0.14	0.14	0.13	0.12	0.12	0.11	0.10	0.10	0.09
24	0.16	0.15	0.14	0.13	0.13	0.12	0.11	0.11	0.10	0.10	0.09	0.09	0.08
26	0.14	0.13	0.13	0.12	0.11	0.11	0.10	0.10	0.09	0.09	0.08	0.08	0.07
28	0.12	0.12	0.11	0.11	0.10	0.10	0.09	0.09	0.08	0.08	0.08	0.07	0.07
30	0.11	0.10	0.10	0.09	0.09	0.09	0.08	0.08	0.07	0.07	0.07	0.07	0.06

综上所述，偏心受压长柱的承载力计算公式为

$$N_u = \varphi f A \qquad (4-13)$$

式中各符号的意义同前。

4.3 无筋砌体受压承载力计算

4.3.1 受压承载力计算公式

根据以上分析，无筋砌体受压构件承载力按式（4-14）计算

$$N \leqslant \varphi f A \qquad (4-14)$$

式中：N——荷载设计值产生的轴向力。

f——砌体抗压强度设计值，砌体抗压强度设计值，按表 1-1~表 1-7 采用。

φ——高厚比 β 和轴向力的偏心距 e 对受压构件承载力的影响系数，按表 4-1~表 4-3 采用；当砌体材料为其他类型时（非烧结普通黏土砖和烧结多孔砖），要将 β 修正成 $\beta' = \gamma_\beta \beta$ 后再查相应的 φ 值表。高厚比修正系数 γ_β 值的取值：①混凝土及轻骨料混凝土砌块 $\gamma_\beta = 1.1$；②蒸压灰砂砖、蒸压粉煤灰砖、细料石、半细料石

$\gamma_\beta = 1.2$；③粗料石、毛石 $\gamma_\beta = 1.5$。

A——截面面积，对各类砌体均应按毛截面计算。

对带壁柱墙计算截面的翼缘宽度按下列规定采用。

（1）多层房屋，当有门窗洞口时，可取窗间墙宽度；当无门窗洞口时，每侧翼墙宽度可取壁柱高度（层高）的 1/3，但不应大于相邻壁柱间的距离。

（2）单层房屋，可取壁柱宽加 2/3 墙高，但不大于窗间墙宽度和相邻壁柱间距离。

（3）计算带壁柱墙的条形基础时，可取相邻壁柱间的距离。

当转角墙段角部受竖向集中荷载时，计算截面的长度可从角点算起，每侧宜取层高的 1/3。当上述墙体范围内有门窗洞口时，则计算截面取至洞边，但不宜大于层高的 1/3。当上层的竖向集中荷载传至本层时，可按均布荷载计算，此时转角墙段可按角形截面偏心受压构件进行承载力验算。

对矩形截面构件，当轴向力偏心方向的截面边长大于另一方向的边长时，除按偏心受压计算外，还应对较小边长方向按轴心受压验算。

当轴向力偏心距 e 较大时，截面受拉区水平裂缝将显著开展，受压区面积相应地减少，构件的承载力大大降低。考虑经济性和合理性，《砌体结构设计规范》提出轴向力的偏心距 e 按荷载设计值计算，并不应超过 $0.6y$（y 为截面重心到轴向力所在偏心方向截面边缘的距离）。

受压构件的计算高度 H_0，应根据房屋类别和构件支承条件等按表 4-4 采用。表中的构件高度 H 应按下列规定采用。

表 4-4　受压构件的计算高度 H_0

房屋类别			柱		带壁柱墙或周边拉结的墙		
			排架方向	垂直排架方向	$s > 2H$	$2H \geqslant s > H$	$s \leqslant H$
有吊车的单层房屋	变截面柱上段	弹性方案	$2.5H_u$	$1.25H_u$	$2.5H_u$		
		刚性、刚弹性方案	$2.0H_u$	$1.25H_u$	$2.0H_u$		
	变截面柱下段		$1.0H_l$	$0.8H_l$	$1.0H_l$		
无吊车的单层和多层房屋	单跨	弹性方案	$1.5H$	$1.0H$	$1.5H$		
		刚弹性方案	$1.2H$	$1.0H$	$1.2H$		
	多跨	弹性方案	$1.25H$	$1.0H$	$1.25H$		
		刚弹性方案	$1.10H$	$1.0H$	$1.1H$		
	刚性方案		$1.0H$	$1.0H$	$1.0H$	$0.4s + 0.2H$	$0.6s$

注：①表中 H_u 为变截面柱的上段高度，H_l 为变截面柱的下段高度；

②对于上端为自由端的构件，$H_0 = 2H$；

③独立砖柱，当无柱间支撑时，柱在垂直排架方向的 H_0 应按表中数值乘以 1.25 后采用；

④s 为房屋横墙间距；

⑤自承重墙的计算高度应根据周边支承或拉接条件确定。

（1）在房屋底层，为楼板顶面到构件下端支点的距离。下端支点的位置，可取在基础顶面。当埋置较深且有刚性地坪时，可取室外地面下 500 mm 处。

（2）在房屋其他层次，为楼板或其他水平支点间的距离。

（3）对于无壁柱的山墙，可取层高加山墙尖高度的 1/2；对于带壁柱的山墙可取壁柱处的山墙高度。

对有吊车的房屋，当荷载组合不考虑吊车作用时，变截面柱上段的计算高度可按表 4-4 规定采用；变截面柱下段的计算高度可按下列规定采用：

（1）当 $H_u/H \leqslant 1/3$ 时，取无吊车房屋的 H_0。

（2）当 $1/3 < H_u/H < 1/2$ 时，取无吊车房屋的 H_0 乘以修正系数 μ，$\mu = 1.3 - 0.3 I_u/I_1$，I_u 为变截面柱上段的惯性矩，I_1 为变截面柱下段的惯性矩。

（3）当 $H_u/H \geqslant 1/2$ 时，取无吊车房屋的 H_0。但在确定 β 值时，应采用上柱截面。（本规定也适用于无吊车房屋的变截面柱）

【例 4-1】 某砖柱高 $H = 7$ m，截面尺寸为 490 mm × 620 mm，采用强度等级为 MU10 的砖及 M2.5 的混合砂浆砌筑，柱的计算高度 $H_0 = H = 7$ m，柱顶承受轴向压力恒载标准值 $N_{Gk} = 100$ kN，柱顶承受轴向压力活载标准值 $N_{Qk} = 60$ kN，砖砌体的重度为 19 kN/m³，试验算柱底截面是否安全（$\gamma_0 = 1$）。

【解】 （1）求柱底部截面的轴向力设计值

组合 1：$N = 1.2(N_{Gk} + N_{G自k}) + 1.4 \times N_{Qk}$

$= 1.2 \times (100 + 0.49 \times 0.62 \times 7 \times 19) + 1.4 \times 60$

$= 252.5$ kN

组合 2：$N = 1.35(N_{Gk} + N_{G自}) + 1.4\psi_c N_{Qk}$

$= 1.35(100 + 0.49 \times 0.62 \times 7 \times 19) + 1.4 \times 0.7 \times 60$

$= 248.3$ kN

（2）求柱的承载力

由表 1-1 查得，MU10 砖及 M2.5 混合砂浆对应的 $f = 1.30$ MPa。

$$A = 0.49 \times 0.62 = 0.3038 \text{ m}^2 > 0.3 \text{ m}^2$$

取 $\gamma_a = 1$。

对于砖柱，高厚比修正系数 $\gamma_\beta = 1.0$。

由 $\beta = H_0/h = 7000/490 = 14.29$，$e/h = 0$，查表 4-2，由内插法得 $\varphi = 0.711$，则

$N_u = \varphi f A = 0.711 \times 1.30 \times 490 \times 620 \times 10^{-3} = 280.8$ kN $> N_{max} = 252.5$ kN

所以，该柱能安全承载。

【例 4-2】 某石墩，截面尺寸 $b = 2500$ mm，$h = 2000$ mm（弯矩作用方向），采用 MU40 的粗料石及 M7.5 的混合砂浆砌筑，石墩承受轴向压力设计值 $N = 6500$ kN，弯矩设计值 $M = 2300$ kN·m，石墩高 8 m。验算石墩是否安全（$H_0 = H = 8$ m）。

【解】 （1）计算偏心矩 e

$$e = M/N = 2300/6500 = 0.354 \text{ m}$$

$$e/y = 0.354/1 = 0.354 < 0.6$$

（2）承载力计算

由 MU40 粗料石及 M7.5 混合砂浆查表 1-6，得

$$f = 1.2 \times 3.43 = 4.116 \text{ MPa}$$

高厚比修正系数 $\gamma_\beta = 1.5$，则 $\beta' = \gamma_\beta\beta = 1.5 \times 8/2 = 6$

$$e/h = 0.354/2 = 0.177$$

据此查表 4-1，由内插法得 $\varphi = 0.59 - \dfrac{0.59 - 0.54}{0.2 - 0.175}(0.177 - 0.175) = 0.586$

则石墩的承载力为

$$N_u = \varphi f A = 0.586 \times 4.116 \times 2500 \times 2000 \times 10^{-3} = 12060 \text{ kN} > 6500 \text{ kN}(安全)$$

【例 4-3】　图 4-4 所示一带壁柱的砖墙，采用砖 MU10、混合砂浆 M5 砌筑，计算高度为 5 m。试计算当轴向力作用在该墙壁截面重心 O 点及 A 点时的承载力。

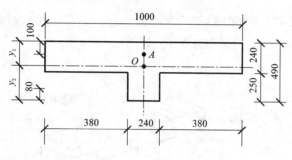

图 4-4　例 4-3 附图

【解】　(1)截面几何特征计算

截面面积：$A = 1 \times 0.24 + 0.24 \times 0.25 = 0.3 \text{ m}^2$

截面重心位置：$y_1 = [1 \times 0.24 \times 0.12 + 0.24 \times 0.25 \times (0.24 + 0.125)]/0.3 = 0.169 \text{ m}$

$y_2 = 0.49 - 0.169 = 0.321 \text{ m}$

截面惯性矩：

$$I = [1 \times 0.169^3/3 + (1 - 0.24) \times (0.24 - 0.169)^3/3 + 0.24 \times 0.321^3/3] = 0.00437 \text{ m}^4$$

T 形截面回转半径：　$i = \sqrt{I/A} = \sqrt{0.00437/0.3} = 0.12 \text{ m}$

T 形截面的折算厚度：$h_T = 3.5i = 3.5 \times 0.12 = 0.42 \text{ m}$

(2)轴向力作用在截面 O 点时的承载力计算

此时属于轴心受压 $e/h_T = 0$。砖砌体 $\gamma_\beta = 1.0$，又 $\beta = H_0/h_T = 5/0.42 = 11.9$

查表 3-1，由内插法得 $\varphi = 0.8225$

查表 1-1 得 $f = 1.50 \text{ MPa}$

该墙的承载力为 $N_u = \varphi f A = 0.8225 \times 1.5 \times 10^3 \times 0.3 = 370.1 \text{ kN}$

(3)轴向力作用在截面 A 点时的承载力计算

此时为偏心受压，荷载设计值产生的偏心距为

$e = 0.169 - 0.1 = 0.069 \text{ m}$　又　$e/h_T = 0.069/0.42 = 0.164$

$e/y_1 = 0.069/0.169 = 0.408 < 0.6$

查表 4-1，由内插法得

$e/h_T = 0.164$　$\beta = 10$　$\varphi_1 = 0.55 - \dfrac{0.55 - 0.5}{0.175 - 0.15}(0.164 - 0.15) = 0.522$

$e/h_T = 0.164$　$\beta = 12$　$\varphi_2 = 0.51 - \dfrac{0.51 - 0.47}{0.175 - 0.15}(0.164 - 0.15) = 0.4876$

$$e/h_{\mathrm{T}} = 0.164 \quad \beta = 11.9 \quad \varphi = 0.522 - \frac{0.522 - 0.4876}{12 - 10}(11.9 - 10) = 0.4893$$

所以该墙的承载力为

$$N_{\mathrm{u}} = \varphi f A = 0.4893 \times 1.5 \times 10^{3} \times 0.3 = 220.2 \text{ kN}$$

4.4 局部均匀受压承载力计算

4.4.1 局部均匀受压的工程现象

压力仅作用在砌体部分面积上的受力状态称为局部受压。如在砌体局部受压面积上的压应力呈均匀分布,则称为砌体局部均匀受压,如图4-5所示。

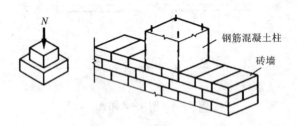

图4-5 砌体局部均匀受压

4.4.2 局部抗压强度提高系数

在局部压力作用下,局部受压砌体产生纵向变形,而周围未直接受压的砌体像套箍一样阻止其横向变形。因此,直接受压的砌体处于双向或三向受压状态,局部抗压强度大于一般情况下的抗压强度,这就是"套箍强化"作用的结果。

此外,试验发现,由于砖的搭缝,在几皮砖下荷载实际已扩散到未直接受荷的面积上,即所谓"力的扩散"作用。这两种作用都使得局部抗压强度高于全截面受压时砌体的抗压强度。

砌体抗压强度为f,砌体的局部抗压强度可取为γf,γ值大于1,称为局部抗压强度提高系数。《砌体结构设计规范》根据试验研究结果给出了局部抗压强度提高系数γ的计算公式,即

$$\gamma = 1 + 0.35 \sqrt{A_0/A_l - 1} \tag{4-15}$$

式中:A_l——局部受压面积;

A_0——影响砌体局部抗压强度的计算面积,按本书4.4.3节规定采用。

4.4.3 影响局部抗压强度的计算面积

影响局部抗压强度的计算面积A_0可按图4-6确定。

(1)图4-6(a),四边有砌体,$A_0 = (a + c + h)h$,且$c \le h$,算出的γ应满是$\gamma \le 2.5$;

(2)图4-6(b),三边或两对边有砌体,$A_0 = (b + 2h)h$,算出的γ应满足$\gamma \le 2$;

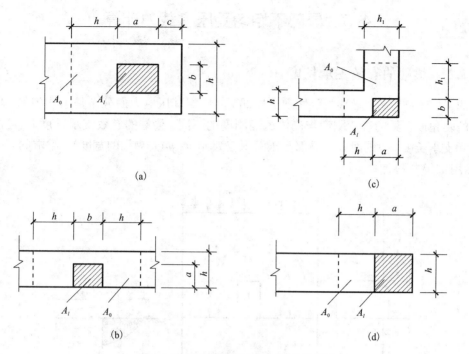

图 4-6　影响局部抗压强度的面积 A_0

(3)图 4-6(c)，两相邻边有砌体，$A_0 = (a+h)h + (b+h_1-h)h_1$，算出的 γ 应满足 $\gamma \leqslant 1.5$；

(4)图 4-6(d)，一边有砌体，$A_0 = (a+h)h$，算出的 γ 应满足 $\gamma \leqslant 1.25$；

(5)对于多孔砖砌体和要求灌实的混凝土砌块砌体，在上述(1)、(2)、(3)的情况下，尚应符合 $\gamma \leqslant 1.5$；对未灌实的混凝土砌块砌体，$\gamma = 1.0$。

在以上公式和图中，a、b 为矩形局部受压面积 A_1 的长边和短边；h、h_1 为墙厚或柱的较小边长；c 为矩形局部受压面积的外边缘至构件边缘的较小距离。

4.4.4　局部均匀压力的承载力计算

局部受压时，尽管该受压面上的砌体局部抗压强度比砌体的抗压强度高，但由于作用于局部面积上的压力很大，如不准确进行验算，则有可能成为整个结构的薄弱环节而造成破坏。

砌体截面中受局部均匀压力的承载力按式(4-16)计算

$$N_l \leqslant \gamma f A_l \tag{4-16}$$

式中：N_l——局部受压面上轴向力的设计值；

γ——砌体局部抗压强度提高系数，按式(4-15)计算；

f——砌体的抗压强度设计值，局部受压面积小于 $0.3~\mathrm{m^2}$ 时，可不考虑强度调整系数 γ_a 的影响；

A_l——局部受压面积。

4.5 局部不均匀受压承载力计算

4.5.1 梁端的有效支承长度

如图 4-7(a)所示,梁端支承处砌体局部受压时,其压应力的分布是不均匀的,同时由于梁端的转角以及梁的抗弯刚度与砌体压缩刚度的不同,梁端的有效支承长度 a_0 可能小于梁的实际支承长度 a。因而砌体局部受压面积应为 $A_l = a_0 b$(b 为梁的宽度),梁端的有效支承长度 a_0 用式(3-7)计算。

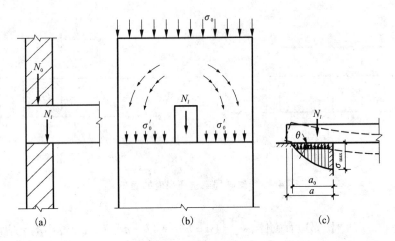

图 4-7 上部荷载对局部抗压的影响示意

4.5.2 上部荷载对局部抗压强度的影响

梁端支承处砌体局部受压计算中,除应考虑由梁传来的荷载外,还应考虑局部受压面积上由上部荷载设计值产生的轴向力。但由于支座下砌体的压缩,以致梁端顶部与上部砌体脱开而形成内拱作用,所以计算时要对上部传来的荷载作适当的折减。梁上砌体作用有均匀压应力 σ_0 的试验[图 4-7(b)]表明,随着 σ_0 的增大,上部砌体的压缩变形增加,梁端顶部与砌体的接触面也增大,内拱作用逐渐削弱,卸载的有利影响即逐渐减小。内拱卸载作用还与 $\dfrac{A_0}{A_l}$ 有关,根据试验研究结果,当 $\dfrac{A_0}{A_l} > 2$ 时,可不考虑上部荷载对砌体抗压强度的影响,为了偏于安全,《砌体结构设计规范》规定,当 $\dfrac{A_0}{A_l} \geqslant 3$ 时不考虑上部荷载的影响。

4.5.3 梁端支承处砌体局部受压承载力计算

梁端支承处砌体局部受压承载力应按式(4-17)计算

$$\psi N_0 + N_1 \leqslant \eta \gamma f A_l \tag{4-17}$$

式中:ψ——上部荷载的折减系数,$\psi = 1.5 - 0.5 A_0 / A_l$,当 $A_0 / A_l \geqslant 3$ 时,取 $\psi = 0$;

$\quad\quad N_0$——局部受压面积内上部轴向力设计值,$N_0 = \sigma_0 A_l$。σ_0 为上部平均压应力设计值;

$\quad\quad \eta$——梁端底面压应力图形的完整系数,一般可取为 0.7,对于过梁和墙梁可以取 1.0;

A_l——局部受压面积，$A_l = a_0 b$，b 为梁宽，a_0 为梁端有效支承长度，可按式（3-8）计算。

【例4-4】　试验算某厂房的外纵墙上屋面梁梁端下砌体的局部受压承载力（图4-8）。已知梁截面尺寸为 200 mm×550 mm，梁端实际支承长度 a = 240 mm，荷载设计值产生的梁端支承反力 N_l = 85 kN，梁底墙体截面由上部荷载产生的轴向力 N_u = 165 kN，窗间墙截面为 1200 mm×370 mm，采用 MU10 的黏土砖和 M5 的混合砂浆砌筑。

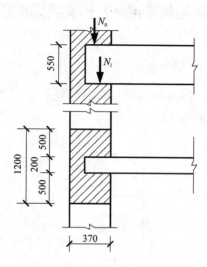

图4-8　例4-4附图

【解】　梁端支承处砌体局部受压承载力应按式（4-17）计算，即

$$\psi N_0 + N_l \leqslant \eta \gamma f A_l$$

由表1-1查得 f = 1.5 MPa

梁端底面压应力图形完整系数 η = 0.7。

梁端有效支承长度为

$$a_0 = 10 \sqrt{\frac{h_c}{f}} = 10 \times \sqrt{\frac{550}{1.5}} = 191.5 \text{ mm}$$

梁端局部受压面积为

$$A_l = a_0 b = 191.5 \times 200 = 38300 \text{ mm}^2$$

由图4-10得影响砌体局部受压强度的计算面积

$$A_0 = h(b + 2h) = 370 \times (200 + 2 \times 370) = 347800 \text{ mm}^2$$

砌体局部受压强度提高系数为

$$\gamma = 1 + 0.35 \sqrt{A_0/A_l - 1} = 1 + 0.35 \sqrt{347800/38300 - 1} = 1.99 < 2$$

取 γ = 1.99。

由于上部轴向力设计值 N_u 作用在整个窗间墙上，故上部平均压应力设计值为

$$\sigma_0 = N_u / (370 \times 1200) = 165000 / (370 \times 1200) = 0.37 \text{ MPa}$$

则局部受压面积内上部轴向力设计值为

$$N_0 = \sigma_0 A_l = 0.37 \times 38300 \times 10^{-3} = 14.17 \text{ kN}$$

上部荷载折减系数

$$\psi = 1.5 - 0.5(A_0/A_l)$$

由 $A_0/A_l = 347800/38300 = 9.08 > 3$，故取 $\psi = 0$，则

$$\eta \gamma f A_l = 0.7 \times 1.99 \times 1.5 \times 38300 \times 10^{-3} = 80.02 \text{ kN} < \psi N_0 + N_l = 85 \text{ kN}$$

故局部受压承载力不满足要求。

4.6　提高砌体局部受压承载力的工程措施

4.6.1　设置预制刚性梁垫

为了提高梁端下砌体的承载力，可在梁支座下设置垫块，以保护支座下砌体的安全。图4-9表示设有预制垫块的梁端局部受压。

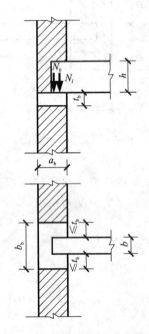

图4-9　设有垫块时梁端局部受压

当梁端下设有预制刚性垫块时（图4-9），垫块下砌体局部受压承载力应按式（4-18）计算

$$N_0 + N_l \leqslant \varphi \gamma_1 f A_b \tag{4-18}$$

$$N_0 = \sigma_0 A_b \quad A_b = a_b b_b$$

式中：N_0——垫块面积 A_b 内上部轴向力设计值；

　　　φ——垫块上 N_0 及 N_l 合力的影响系数，采用表4-1~表4-3中 $\beta \leqslant 3$ 时的 φ 值，N_l 的作用点可近似取距砌体内侧 $0.4a_0$ 处，但这里 a_0 按式（3-9）计算；

　　　γ_1——垫块外砌体面积的有利影响系数，$\gamma_1 = 0.8\gamma$，但不小于1.0，γ 为砌体局部抗压强度提高系数，按式（4-15）以 A_b 代替 A_l 计算；

A_b——垫块面积；

a_b——垫块伸入墙内的长度；

b_b——垫块的宽度。

如图 4 – 10 所示，当带壁柱墙的壁柱内设有垫块时，其计算面积应取壁柱面积，不应计算翼缘部分，即 $A_0 = a_p b_p$。壁柱垫块伸入翼墙内的长度不应小于 120 mm。

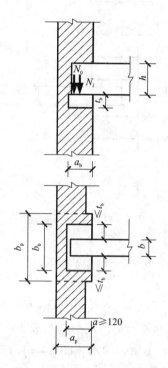

图 4 – 10　壁柱上设有垫块时梁端局部受压

刚性垫块的厚度 t_b 不宜小于 180 mm，自梁边算起的垫块挑出长度不宜大于垫块厚度 t_b。当现浇垫块与梁端整体浇筑时，垫块可在梁高范围内设置。

特别需要指出的是，试验表明，刚性垫块上表面梁端有效支承长度 a_0 不同于砌体上梁端有效支承长度，即按式 (3 – 8) 的计算结果。《规范》根据试验结果给出了垫块上表面 a_0 的计算公式同式 (3 – 9)。

【例 4 – 5】　如上题(例题 4 – 4)，因不能满足砌体局部受压强度的要求，试在梁端设置垫块并进行验算。

【解】　如图 4 – 11 所示，在梁下设预制钢筋混凝土垫块，取垫块高 $t_b = 180$ mm，平面尺寸 $a_b \times b_b = 370$ mm $\times 500$ mm，则垫块自梁边两侧各挑出 150 mm $< t_b = 180$ mm，符合要求。

按式 (4 – 18)，即 $N_0 + N_l \leqslant \varphi \gamma_1 f A_b$ 验算。

已查得 $f = 1.50$ MPa。

垫块面积为　　　　　$A_b = a_b b_b = 370 \times 500 = 185000$ mm^2

影响砌体局部受压强度的计算面积为

$$A_0 = (500 + 2 \times 350) \times 370 = 444000 \text{ mm}^2$$

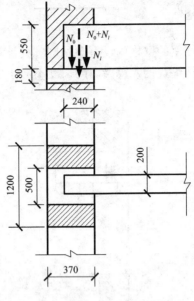

图 4 - 11 例 4 - 5 附图

上式中因垫块外窗间墙仅余 350 mm，故垫块外取 $h = 350$ mm。

砌体局部受压强度提高系数为

$$\gamma = 1 + 0.35 \sqrt{A_0/A_l - 1} = 1 + 0.35 \sqrt{444000/185000 - 1} = 1.414 < 2$$

取 $\gamma = 1.414$，则得垫块外砌体面积的有利影响系数为

$$\gamma_1 = 0.8\gamma = 0.8 \times 1.414 = 1.131$$

垫块面积 A_b 上部轴向力设计值为

$$N_0 = \sigma_0 A_b = 0.37 \times 185000 \times 10^{-3} = 68.5 \text{ kN}$$

$$N_l = 85 \text{ kN}$$

$$N_0 + N_l = 68.5 + 85 = 153.5 \text{ kN}$$

$$\sigma_0/f = 0.37/1.5 = 0.247$$

查表 3 - 5，由内插法得

$$\delta_1 = 5.7 + \frac{6 - 5.7}{0.4 - 0.2}(0.247 - 0.2) = 5.77$$

刚性垫块上表面梁端有效支承长度为

$$a_0 = \delta_1 \sqrt{\frac{h_c}{f}} = 5.77 \times \sqrt{\frac{550}{1.5}} = 110.5 \text{ mm}$$

求 N_0 及 N_l 合力对垫块形心的偏心距 e：

N_l 对垫块形心的偏心距为

$$370/2 - 0.4 \times 110.5 = 140.8 \text{ mm}$$

N_0 作用于垫块形心，则

$$e = (N_l \times 140.8)/(N_l + N_0) = (80 \times 140.8)/(85 + 68.5) = 78 \text{ mm}$$

由 $e/h = e/a_b = 78/370 = 0.21$，$\beta \leqslant 3$，查表 4 − 1 得

$$\varphi = 0.656$$

由式（4 − 18）得

$$\varphi \gamma_1 f A_b = 0.656 \times 1.13 \times 1.5 \times 185000 \times 10^{-3} = 205.7 \text{ kN} > N_0 + N_l = 153.5 \text{ kN}$$

满足局部受压要求。

4.6.2　设置与梁整浇的垫块

现浇钢筋混凝土梁也可采用与梁端现浇成整体的垫块（图 4 − 12），受力时垫块与梁端一起变形，与梁端未设垫块时的受力情况类似。这时梁端支承处砌体的局部受压可按式（4 − 17）计算，但应以 b_b 代替 b，即式中 $A_l = a_0 b_b$。

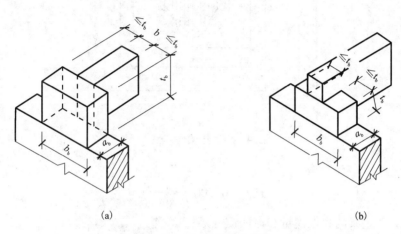

(a)　　　　　　　　　　　　　　　　(b)

图 4 − 12　与梁整浇的垫块

【例 4 − 6】　在例 4 − 5 中，若垫块与梁端整浇，试进行局部受压承载力验算。

【解】　此时的局部受压应按式（4 − 17）验算，但是取 $A_l = a_0 b_b$　垫块面积 $A_l = 191.5 \times 500 = 95750 \text{ mm}^2$（由例题 4 − 4 得 $a_0 = 191.5 \text{ mm}$）

影响砌体局部受压强度的计算面积为

$$A_0 = = 444000 \text{ mm}^2$$

砌体局部受压强度提高系数为

$$\gamma = 1 + 0.35 \sqrt{A_0/A_l - 1} = 1 + 0.35 \sqrt{444000/95750 - 1} = 1.67 < 2$$

取 $\gamma = 1.67$。

局部受压面积内上部轴向力设计值为

$$N_0 = \sigma_0 A_l = = 0.37 \times 95750 \times 10^{-3} = 35.42 \text{ kN}$$

上部荷载折减系数 $\psi = 1.5 - 0.5(A_0/A_l)$，由 $A_0/A = 444000/95750 = 4.6 > 3$，故 $\psi = 0$，则

$$N_u = \eta \gamma f A_l = 0.7 \times 1.67 \times 1.5 \times 95750 \times 10^{-3} = 167.9 \text{ kN} > \psi N_0 + N_l = 85 \text{ kN}$$

满足局部受压要求。

4.6.3 梁下设有长度大于 πh_0 的钢筋混凝土垫梁

当梁下设有长度大于 πh_0 的钢筋混凝土垫梁时,由于垫梁是柔性的,垫梁置于墙上在屋面梁或楼面梁的作用下,相当于承受集中荷载的"弹性地基"上的无限长梁(图 4 - 13)。此时,"弹性地基"的宽度即为墙厚 h,按照弹性力学的平面应力问题求解,在垫梁底面、集中力 N_l 作用点处的应力最大。

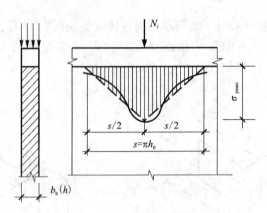

图 4 - 13 垫梁局部受压

$$\sigma_{ymax} = 0.306 \frac{N_l}{b_b} \sqrt[3]{\frac{Eh}{E_b I_b}} \qquad (4 - 19)$$

式中:E_b、I_b——垫梁的弹性模量和截面惯性矩;

$\quad\quad b_b$——垫梁的宽度;

$\quad\quad E$——砌体的弹性模量。

为简化计算,现以三角形应力图形来代替实际曲线分布应力图形,折算的应力分布长度取为 $s = \pi h_0$,则可由静力平衡条件求得:

$$N_l = \frac{1}{2} \pi h_0 b_b \sigma_{ymax} \qquad (4 - 20)$$

将式(4 - 19)代入式(4 - 20),则得到垫梁的折算高度 h_0 为:

$$h_0 = 2 \sqrt[3]{\frac{E_b I_b}{Eh}} \qquad (4 - 21)$$

根据试验研究,在荷载作用下由于混凝土垫梁先开裂,垫梁的刚度逐渐减小。砌体临近破坏时,砌体内实际最大应力比按上述弹性力学分析的结果要大得多,$\dfrac{\sigma_{ymax}}{f}$ 均大于 1.5。现取

$$\sigma_{ymax} \leqslant 1.5f \qquad (4 - 22)$$

考虑垫梁 $\dfrac{\pi b_b h_0}{2}$ 范围内上部荷载设计值产生的轴力 N_0,则有

$$N_0 + N_l \leqslant \frac{\pi b_b h_0}{2} \times 1.5f \approx 2.4 b_b h_0 f$$

82

考虑荷载沿墙厚度方向分布不均匀的影响后，梁下设有长度大于 πh_0 的垫梁下的砌体局部受压承载力应按下列公式计算：

$$N_0 + N_l \leq 2.4\delta_2 f b_b h_0 \qquad (4-23)$$

$$N_0 = \frac{\pi b_b h_0 \sigma_0}{2} \qquad (4-24)$$

式中：N_0——垫梁上部轴向力设计值；

b_b、h_b——垫梁在墙厚方向的宽度和垫梁的高度，mm；

δ_2——垫梁底面压应力分布系数，当荷载沿墙厚方向均匀分布时 δ_2 取 1.0，不均匀时 δ_2 可取 0.8；

h_0——垫梁的折算高度，mm；

E_b、I_b——垫梁的混凝土弹性模量和截面惯性矩；

E——砌体的弹性模量；

h——墙厚，mm。

【例4-7】　在例4-5中，如改设置钢筋混凝土垫梁，试验算其局部受压承载力。

【解】　取垫梁截面尺寸为 240 mm×240 mm，用 C20 混凝土，$E_b = 25500$ MPa，砌体的弹性模量为

$$E = 1600f = 1600 \times 1.5 = 2400 \text{ MPa}$$

$$h_0 = 2\sqrt[3]{\frac{E_b I_b}{Eh}} = 2\sqrt[3]{\frac{25500 \times 240 \times 240^3}{2400 \times 370 \times 12}} = 399 \text{ mm}$$

$$N_0 = \pi b_b h_0 \sigma_0 / 2 = \pi \times 240 \times 399 \times 0.37/2 \times 10^{-3} = 55.66 \text{ kN}$$

$$N_0 + N_l = 55.66 + 85 = 140.66 \text{ kN}$$

荷载沿墙厚方向不均匀分布，取 $\delta_2 = 0.8$，由式(4-23)得

$$N_u = 2.4\delta_2 b_b h_0 f = 2.4 \times 0.8 \times 240 \times 399 \times 1.5 \times 10^{-3} = 275.8 \text{ kN} > N_0 + N_l = 140.66 \text{ kN}$$

所以，梁下的局部受压是安全的。

4.7　受剪构件

图4-14所示无筋砌体墙在垂直压力和水平剪力作用下，可能产生沿水平通缝截面或阶梯形截面的受剪破坏。根据实验研究，沿通缝或阶梯形截面破坏时受剪构件的承载力，应按式(4-25)计算：

$$V \leq (f_v + \alpha\mu\sigma_0)A \qquad (4-25)$$

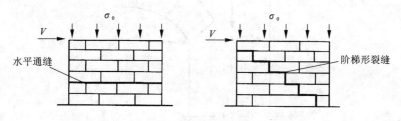

图4-14　无筋砌体墙受剪

当永久荷载分项系数 $\gamma_G = 1.2$ 时，

$$\mu = 0.26 - 0.082 \frac{\sigma_0}{f} \qquad (4-26)$$

当永久荷载分项系数 $\gamma_G = 1.35$ 时，

$$\mu = 0.23 - 0.065 \frac{\sigma_0}{f} \qquad (4-27)$$

式中：V——截面剪力设计值；

A——水平截面面积，当有孔洞时，取净截面面积；

f_v——砌体的抗剪强度设计值，按表 1 - 8 采用，对灌孔的混凝土砌块砌体取 f_{vg}（应按公式 1 - 5 计算）；

α——修正系数，当 $\gamma_G = 1.2$ 时，砖（含多孔砖）砌体取 0.60，混凝土砌块砌体取 0.64；当 $\gamma_G = 1.35$ 时，砖（含多孔砖）砌体取 0.64，混凝土砌块砌体取 0.66；

μ——剪压复合受力影响系数，α 与 μ 的乘积可查表 4 - 5；

σ_0——永久荷载设计值产生的水平截面平均压应力；

f——砌体抗压强度设计值；

σ_0/f——轴压比，且不大于 0.8。

表 4 - 5　当 $\gamma_G = 1.2$ 及 $\gamma_G = 1.35$ 时 $\alpha\mu$ 值

γ_G	σ_0/f	0.1	0.2	0.3	0.4	0.5	0.6	0.7	0.8
1.2	砖砌体	0.15	0.15	0.14	0.14	0.13	0.13	0.12	0.12
	砌块砌体	0.16	0.16	0.15	0.15	0.14	0.13	0.13	0.12
1.35	砖砌体	0.14	0.14	0.13	0.13	0.13	0.12	0.12	0.11
	砌块砌体	0.15	0.14	0.14	0.13	0.13	0.13	0.12	0.12

【例 4 - 8】　验算图 4 - 15 所示的拱座截面的受剪承载力。已知拱式过梁在拱座处的水平推力设计值为 15.5 kN，作用于 I—I 截面上由永久荷载设计值产生的纵向力 $N_0 = 30$ kN（$\gamma_G = 1.2$ 时的组合起控制作用）。受剪截面面积为 370 mm × 490 mm，墙体用 MU10 砖，

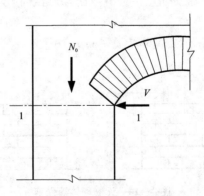

图 4 - 15　砌体沿水平通缝受剪

M2.5 混合砂浆砌筑。

【解】 $A = 0.37 \times 0.49 = 0.1813 \text{ m}^2 < 0.3 \text{ m}^2$

$\gamma_a = 0.7 + 0.1813 = 0.8813$

由表 1 – 8，当采用 M2.5 混合砂浆时

$f_v = 0.08 \times 0.8813 = 0,0705 \text{ MPa}$

$\sigma_0 = (30 \times 10^3)/(370 \times 490) = 0.1655 \text{ MPa}$

$\sigma_0/f = 0.1655/1.3 = 0.13$

查表 4 – 5 得 $\alpha\mu = 0.15$，则

$((f_v + \alpha\mu\sigma_0)A = (0.0705 + 0.15 \times 0.1655) \times 370 \times 490 \times 10^{-3} = 17.28 \text{ kN} > V = 15.5 \text{ kN}$

符合要求。

4.8 受拉和受弯构件

4.8.1 轴心受拉构件

根据砌体材料的性能，其轴心抗拉能力是很低的，因此工程上很少采用砌体轴心受拉构件。如容积较小的圆形水池或筒仓，在液体或松散物料的侧压力作用下，池壁或筒壁内只产生环向拉力时（图 4 – 16），有时采用砌体结构。

砌体轴心受拉构件的承载力应按式（4 – 28）计算：

$$N_t \leq f_t A \qquad (4 - 28)$$

式中：N_t——轴心拉力设计值；

　　　f_t——砌体的轴心抗拉强度设计值，按表 1 – 8 采用。

【例 4 – 9】 一圆形水池（图 4 – 16），壁厚 490 mm，采用 MU10 黏土砖和 M7.5 水泥砂浆砌筑，池壁承受的最大环向拉力设计值按 55 kN/m 计算，试验算池壁的受拉承载力。

【解】 由表 1 – 8，当采用 M7.5 水泥砂浆时 $f_t = 0.16 \text{ MPa}$。

取 1 m 高池壁计算，由式（4 – 28）得

$f_t A = 0.16 \times 1000 \times 490 \times 10^{-3} = 78.4 \text{ kN} > 55 \text{ kN}$

符合要求。

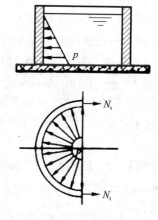

图 4 – 16 圆形水池

4.8.2 受弯构件

过梁及挡土墙属于受弯构件，在弯矩作用下砌体可能沿通缝截面[图 4 – 17(a)]或沿齿缝截面[图 4 – 17(b)]因弯曲受拉而破坏，应进行受弯承载力计算。此外，在支座处还存在较大的剪力，因而还应对受剪承载力进行验算。

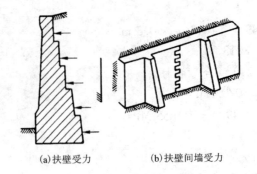

(a)扶壁受力   (b)扶壁间墙受力

图 4-17 挡土墙

受弯构件的受弯承载力应按式(4-29)计算:
$$M \leqslant f_{tm}W \qquad\qquad (4-29)$$

式中:M——弯矩设计值;

f_{tm}——砌体弯曲抗压强度设计值,按表1-8采用;

W——截面抵抗矩,对矩形截面 $W = bh^2/6$。

受弯构件的受剪承载力按式(4-30)计算:
$$V \leqslant f_v bz \qquad\qquad (4-30)$$
$$z = I/S \qquad\qquad (4-31)$$

式中:V——剪力设计值;

f_v——砌体的抗剪强度设计值,按表1-8采用;

b、h——截面的宽度和高度;

z——内力臂,$z = I/S$,当截面为矩形时取 $z = 2h/3$(h 为截面的高度);

I、S——截面的惯性矩和面积矩。

【例4-10】 试验算墙厚为370 mm、支承跨度为6 m墙的承载力。该墙承受横向水平均布荷载 1.0 kN/m²(设计值)所引起的横向水平弯曲(图4-18)。砌体使用 MU10 砖,M5 混合砂浆砌筑。

【解】 1.求横向受弯墙体的最大内力(取 1 m的墙高为计算单元)

$$M_{max} = \frac{1}{8}ql^2 = \frac{1}{8} \times 1.0 \times 6^2 = 4.5 \text{ kN} \cdot \text{m}$$

$$V_{max} = \frac{1}{2}ql = \frac{1}{2} \times 1.0 \times 6 = 3.0 \text{ kN}$$

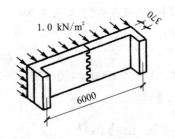

图 4-18 墙体承受横向水平均布荷载示意

2.墙体承载力验算

查表1-8得
$$f_{tm} = 0.23 \text{ MPa}$$
$$f_v = 0.11 \text{ MPa}$$

(1)抗弯承载力验算
$$M_u = f_{tm}W = 0.23 \times 10^3 \times \frac{1}{6} \times 0.37^2 \times 1.0^2 = 5.25 \text{ kN} \cdot \text{m} > M = 4.5 \text{ kN} \cdot \text{m}$$

（2）抗剪承载力验算

$$V_u = f_v bz = 0.11 \times 10^3 \times 1.0 \times \frac{2}{3} \times 0.37 = 27.1 \text{ kN} > V = 3.0 \text{ kN}$$

抗弯、抗剪均能满足要求。

本章小结

1. 本章介绍了无筋砌体构件的计算，包括受压、拉、弯、剪构件的承载力计算，重点是受压构件的承载力计算和砌体局部承载力计算。

2. 无筋砌体受压构件的承载力主要与偏心距和高厚比有关，但按内力设计值计算的偏心距 e 不应超过 $0.6y$，y 为截面重心到轴向力所在偏心方向截面边缘的距离；也就是说当 $e > 0.6y$ 时不能再用砌体结构。

3. 局部受压包括局部均匀受压和局部不均匀受压。在局部压力作用下，砌体抗压强度较全截面受压时提高了，其值为 rf。砌体局部抗压承载力不满足时，可通过设置预制刚性垫块、与梁整浇的垫块及垫梁等措施提高砌体局部受压承载力。

思考题

1. 砌体构件受压承载力计算中，系数 φ 表示什么意义？与哪些因素有关？

2. 偏心距如何计算？受压构件偏心距的限值是多少？设计中当超过该规定限值时，应采取何种方法或措施？

3. 什么叫折算厚度？如何计算 T 形截面、十字形截面的折算厚度？

4. 为什么无筋砌体受压构件不论是长柱或是短柱、轴压或偏压，都采用公式(4-12)来计算其承载力？

5. 砌体局部受压有哪些特点？试述砌体局部抗压强度提高的原因？

6. 什么是砌体局部抗压强度提高系数？它与哪些因素有关？为什么规定有限值？

7. 如何采用影响局部抗压强度的计算面积 A_0？

8. 验算梁端支承处局部受压承载力时，为什么要考虑上部荷载的折减？

9. 什么是梁端有效支承长度？如何计算？

10. 刚性梁垫应满足哪些构造要求？为什么梁垫计算公式中局部承压强度提高系数采用 γ_1？

11. 如何计算砌体受弯构件的受剪承载力和砌体受剪构件的受剪承载力？

思考题答案

习题

1. 某办公楼门厅砖柱，柱计算高度 5.1 m，截面尺寸为 370 mm × 490 mm，柱顶处由荷载设计值产生的轴心压力为 195 kN，已知该柱所用材料为 MU10 烧结普通砖、M2.5 混合砂浆，施工质量控制等级为 B 级，$\gamma_0 = 1.0$，$\gamma_G = 1.2$。试验算柱底截面是否安全(考虑柱自重)。

习题答案

2. 截面为 $b \times h = 490\ \text{mm} \times 620\ \text{mm}$ 的砖柱，采用 MU10 烧结普通砖及 M5 混合砂浆砌筑，施工质量控制等级为 B 级，柱长短边方向的计算高度相等，即 $H_0 = 7\ \text{m}$，柱顶截面承受轴向压力设计值 $N = 275\ \text{kN}$，沿长边方向弯矩设计值 $M = 10\ \text{kN} \cdot \text{m}$。试验算该砖柱柱顶的受压承载力是否满足要求。

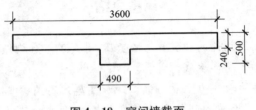

图 4-19 窗间墙截面

3. 一单排孔且对孔砌筑的混凝土小型空心砌块承重横墙，墙厚 190 mm，计算高度 $H_0 = 3.6\ \text{m}$，采用 MU7.5 砌块、Mb7.5 混合砂浆砌筑，承受轴心荷载，试计算当施工质量控制等级分别为 A、B、C 级时（A 级时，取 $\gamma_a = 1.05$，C 级时，取 $\gamma_a = 0.89$），每米横墙所能承受的轴心压力设计值。（设该墙的横截面面积 $A > 0.3\ \text{m}^2$）

4. 某单层单跨无吊车厂房纵墙窗间墙截面尺寸如图 4-19 所示，计算高度 $H_0 = 10.2\ \text{m}$，采用 MU10 砖、M5 混合砂浆砌筑，施工质量控制等级为 B 级，承受轴向力设计值 $N = 400\ \text{kN}$，弯矩设计值 $M = 18\ \text{kN} \cdot \text{m}$（偏心压力偏向肋部），试验算该窗间墙的承载力是否满足要求。

5. 一截面为 150 mm×240 mm 的钢筋混凝土柱（图 4-20），支承在厚为 240 mm 的砖墙上，砖墙采用 MU10 砖、M2.5 混合砂浆砌筑，施工质量控制等级为 B 级，由柱支承的上部荷载产生的轴向压力设计值为 50 kN。试计算柱下砖砌体的局部受压承载力。

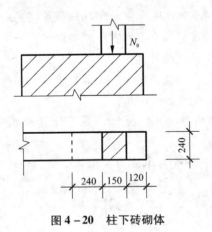

图 4-20 柱下砖砌体

6. 一钢筋混凝土梁支承在窗间墙上(图4-21),梁端荷载设计值产生的支承压力为80 kN,梁底截面处的上部荷载设计值160 kN,梁截面尺寸 $b \times h = 200 \text{ mm} \times 550 \text{ mm}$,支承长度 $a = 240 \text{ mm}$,窗间墙截面尺寸1200 mm×240 mm,采用MU10烧结普通砖、M5混合砂浆砌筑,施工质量控制等级为B级。试验算梁底部砌体的局部受压承载力;如果承载力不满足要求,在梁下采用预制混凝土垫块,其尺寸为 $b_b \times a_b \times t_b = 650 \text{ mm} \times 240 \text{ mm} \times 240 \text{ mm}$,试验算梁底部砌体的局部受压承载力。

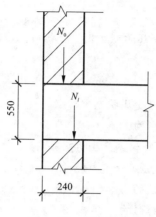

图4-21 题6简图

7. 采用MU20砖,M10水泥砂浆砌筑的圆形水池(按三顺一丁砌筑)。池壁内环向拉力设计值为 $N_t = 80 \text{ kN/m}$,试选择池壁厚度。

8. 某砖砌筒拱(图4-22),用烧结普通砖MU10、水泥砂浆M10砌筑,施工质量控制等级为B级。沿纵向取1 m宽的筒拱计算,拱支座处的水平力设计值为60 kN/m,作用在受剪截面面积上由永久荷载设计值产生的竖直压力为75 kN/m(永久荷载分项系数 $\gamma_G = 1.35$)。试验算拱支座处的抗剪承载力。

9. 某悬臂式水池池壁(图4-23),壁高 $H = 1.4 \text{ m}$,采用烧结普通砖MU15、水泥砂浆M7.5砌筑,施工质量控制等级为B级。试验算下端池壁的承载力。

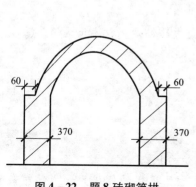

图4-22 题8砖砌筒拱

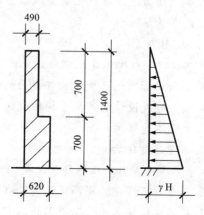

图4-23 题9池壁

自测题答案

自测题

一、单项选择题

1. 验算梁端支承处砌体局部受压承载力时，根据 A_0/A_l 的大小对上部荷载予以折减的原因是（　　　）

    A. 考虑周围砌体约束的影响

    B. 梁端支承处砌体处于不均匀受压状态

    C. 考虑砌体内拱卸荷作用的影响

    D. A_0/A_l 较大时易使梁端支承处砌体产生劈裂破坏

2. 计算砌体受压构件承载力时，引入影响系数 φ 是为了考虑（　　　）

    A. 砌体砌筑质量和轴向力扩散的影响

    B. 构件高厚比和轴向力扩散的影响

    C. 砌体砌筑质量和轴向力偏心距的影响

    D. 构件高厚比和轴向力偏心距的影响

3. 刚性垫块下砌体局部受压承载力计算公式为（　　　）

    A. $N \leqslant \varphi f A$ B. $N_l \leqslant \gamma f A_l$ C. $N_0 + N_l \leqslant 2.4\delta_2 f b_b h_0$ D. $N_0 + N_l \leqslant \varphi \gamma_l f A_b$

4. 以下哪种情况可以不进行局部受压承载力验算。（　　　）

    A. 支撑柱或墙的基础面   B. 支撑梁或屋架的砌体墙

    C. 支撑梁或屋架的砌体柱   D. 窗间墙下面的砌体墙

5. 梁端支承处砌体局部受压承载力应考虑的因素有：（　　　）。

    A. 上部荷载的影响

    B. 梁端压力设计值产生的支承压力和压应力图形的完善系数

    C. 局部承压面积

    D. A、B 及 C

6. 在进行无筋砌体受压构件的承载力计算时，轴向力的偏心距叙述正确的是（　　　）。

    A. 由荷载标准值产生于构件截面的内力计算求得

    B. 应由荷载设计值产生于构件截面的内力求得

    C. 大小不受限制

    D. 不宜超过 $0.75y$

7. 关于局部受压，正确的说法是（　　　）。

    A. 局部抗压强度的提高是因为局部砌体处于三向受力状态

    B. 局部抗压强度的提高是因为局部受压面积周围砌体提供的侧压力和力的扩散的综合影响

    C. 对未灌实的空心砌块砌体，局部受压强度系数 $\gamma \leqslant 1.25$

D. 对多孔砖砌体，局部受压强度系数 $\gamma \leqslant 1.0$

8. 砌体局部受压可能有三种破坏形式，工程设计中一般应按(　　　　)来考虑。

A. 先裂后坏　　　　　B. 一裂即坏　　　　　C. 未裂先坏

二、多选题

在墙体承载力验算中发现承载力不足时，可采用下列哪些方法提高承载力最有效。(　　)

A. 加长砖的尺寸　　　　　　　　　　　B. 加大墙体厚度或加壁柱

C. 采用网状配筋砌体或组合砌体　　　　D. 改为水泥砂浆

三、填空题

1. 砌体结构的局部受压强度将比一般砌体抗压强度有不同程度的提高，其提高的主要原因是由于_____和_____的作用。

2. 计算砌体受压构件承载力时，按荷载设计值计算的轴向力偏心距 e 不应超过_____。

3. 计算砌体矩形截面受压构件承载力时，当轴向力偏心方向的截面边长大于另一方向的截面边长时，除应按偏心受压计算外，还应对较小边长方向按_____进行验算。

4. 无筋砌体受压构件按高厚比的不同以及荷载作用偏心矩的有无，可分为_____、_____、_____和_____。

5. 砌体在局部受压时，由于未直接受压的砌体对直接受压砌体的约束作用以及力的扩散作用，使砌体的局部受压强度_____，局部受压强度用_____表示。

6. 在截面尺寸和材料强度等级一定的条件下，在施工质量得到保证的前提下，影响无筋砌体受压承载力的主要因素是_____和_____。

7. 砌体受压构件按_____可分为短柱和长柱，其界限值为_____。

8. 梁端支承处砌体处于局部受压状态，当有上部压力存在时，如果影响局压的计算面积与局压面积之比 A_0/A_1 较大，则上部压力可通过_____作用向梁两侧墙体传递。砌体结构设计规范规定，当_____时可不考虑上部压力的不利影响。

9. 《砌体结构设计规范》规定，受压构件承载力计算中，轴向力有偏心距时，轴向力偏心距 e 按内力_____计算，并不应超过_____。

10. 梁端下砌体局部承压强度不够时，可采用在梁端下设置_____，以提高梁端下砌体_____。

11. 砌体在局部受压时，未直接受压砌体对直接受压砌体的约束作用以及力的扩散作用，使砌体的局部受压强度_____。

12. 当局部受压承载力不满足要求时，一般采用设置_____的方法，满足设计要求。

13. 轴心受压短柱指高厚比_____的轴心受压构件。

14. 局部受压分为_____和_____两种情况。

第5章 配筋砌体受压构件

学习目标
1. 了解配筋砌体的基本类型及其在工程中的应用。
2. 了解横向网状配筋砌体的受力特点及其计算方法,重点掌握其构造要求。
3. 了解组合砖砌体的计算步骤,重点掌握其构造要求。

5.1 配筋砌体简介

配有受力钢筋的砌体称为配筋砌体。配筋砌体可提高砌体结构的承载力,扩大其应用范围。根据钢筋设置的方式,配筋砌体分为两种类型:一种是横向配筋砌体;另一种是纵向配筋砌体。

在立柱或窗间墙水平灰缝内配置横向钢筋网(网状配筋),即为横向配筋砌体。网状配筋砖砌体构件中的钢筋网形式为焊接方格网和绑扎方格网(图5-1)。当偏心距在截面核心范围内(对于矩形截面即 $e/h \leqslant 0.17$)或构件高厚比 $\beta \leqslant 16$ 时,若无筋砌体不能满足强度要求,宜使用横向配筋砌体。

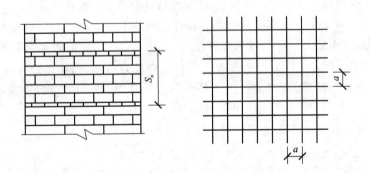

图5-1 方格网状配筋的砖柱

在砌体外配置纵向钢筋加砂浆或混凝土面层,或在预留的竖槽内配置纵向钢筋,竖槽用砂浆和混凝土填实,即为纵向配筋砌体,又称为组合砖砌体(图5-2),它能提高砌体结构的承载力和抗震能力。

图5-3所示为砖砌体和钢筋混凝土构造柱组合砖墙。图5-4所示为配筋砌块砌体,纵向钢筋布置在原孔洞内和砌筑后形成的贯通竖向配筋孔道内。

以下介绍网状配筋砌体、组合砖砌体的承载力计算及构造要求。

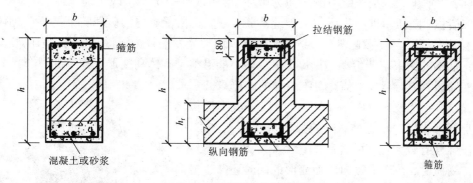

图 5 – 2　组合砖砌体构件截面

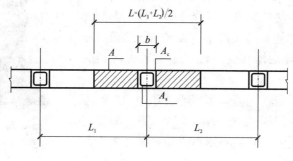

图 5 – 3　组合砖墙截面

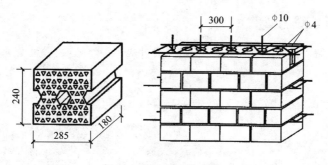

图 5 – 4　配筋砌块砌体

5.2　网状配筋砖砌体构件

5.2.1　受压性能

网状配筋砖砌体轴心受压时, 其破坏过程与无筋砌体类似, 也可分为三个受力阶段。

第一阶段: 随压力的增加至出现第一条或第一批裂缝。此阶段砌体的受力特点与无筋砌体的相同，仅产生第一批裂缝时的压力为破坏压力的60%～75%，较无筋砌体的高。

第二阶段：随压力进一步增大至裂缝不断发展。此阶段砌体的破坏特征与无筋砌体的破坏特征有较大不同。主要表现在裂缝数量增多，但裂缝发展较为缓慢，且砌体内的竖向裂缝受横向钢筋网的约束均产生在钢筋网之间，而不能沿整个砌体高度形成连续的裂缝。

第三阶段，压力至极限值，砌体内有的砖严重开裂或被压碎，砖体完全破坏(图5-5)。此阶段一般不会像无筋砌体那样形成竖向小柱体，砖的强度得到较充分发挥，砌体抗压强度有较大程度的提高。

砌体受压时，在产生竖向压缩变形的同时还产生横向变形，由于钢筋网与灰缝砂浆之间的摩擦力和黏结力，网状钢筋与砌体共同工作并能承受较大的横向拉应力，而且钢筋的弹性模量较砌体的高得多，从而使砌体的横向变形受到约束，网状钢筋还使被竖向裂缝分开的小柱体不至过早失稳破坏。上述作用间接地提高了砌体的抗压强度，亦是网状配筋砌体和无筋砌体在受压性能上有较大区别的主要原因。

试验研究还表明，网状配筋砌体偏心受压时，当偏心距较大时，网状钢筋的作用减小，砌体受压承载力的提高有限。因此，在设计上要求其偏心距不应超过截面核心范围，对于矩形截面构件，即当 $e/y > 1/3$(或 $e/h > 0.17$)，或偏心距虽未超过截面核心范围，但构件高厚比 $\beta > 16$ 时，均不宜采用网状配筋砌体。

图5-5 网状配筋砖砌体轴心变压破坏

5.2.2 受压承载力

网状配筋砖砌体受压承载力，应按下列公式计算：

$$N \leq \varphi_n f_n A \tag{5-1}$$

$$f_n = f + 2\left(1 - \frac{2e}{y}\right)\rho f_y \tag{5-2}$$

$$\rho = \frac{(a+b)A_s}{abs_n} \tag{5-3}$$

式中：N——轴向力设计值；

　　　φ_n——高厚比和配筋率以及轴向力的偏心距对网状配筋砖砌体受压构件承载力的影响系数，可按表5-1的规定采用；

　　　f_n——网状配筋砖砌体的抗压强度设计值，用式(5-2)计算求得；

　　　A——截面面积；

　　　e——轴向力的偏心距；

　　　ρ——体积配筋率，用式(5-3)计算，采用截面面积为A_s的钢筋组成的方格网(图5-1)，网格钢筋间距为a、b和钢筋网的竖向间距为S_n；

　　　f_y——钢筋的抗拉强度设计值，当f_y大于320 MPa时，仍采用320 MPa。

表 5 - 1　影响系数 φ_n

ρ	β	e/h				
		0	0.05	0.10	0.15	0.17
0.1	4	0.97	0.89	0.78	0.67	0.63
	6	0.93	0.84	0.73	0.62	0.58
	8	0.89	0.78	0.67	0.57	0.53
	10	0.84	0.72	0.62	0.52	0.48
	12	0.78	0.67	0.56	0.48	0.44
	14	0.72	0.61	0.52	0.44	0.41
	16	0.67	0.56	0.47	0.40	0.37
0.3	4	0.96	0.87	0.76	0.65	0.61
	6	0.91	0.80	0.69	0.59	0.55
	8	0.84	0.74	0.62	0.53	0.49
	10	0.78	0.67	0.56	0.47	0.44
	12	0.71	0.60	0.51	0.43	0.40
	14	0.64	0.54	0.46	0.38	0.36
	16	0.58	0.49	0.41	0.35	0.32
0.5	4	0.94	0.85	0.74	0.63	0.59
	6	0.88	0.77	0.66	0.56	0.52
	8	0.81	0.69	0.59	0.50	0.46
	10	0.73	0.62	0.52	0.44	0.41
	12	0.65	0.55	0.46	0.39	0.36
	14	0.58	0.49	0.41	0.35	0.32
	16	0.51	0.43	0.36	0.31	0.29
0.7	4	0.93	0.83	0.72	0.61	0.57
	6	0.86	0.75	0.63	0.53	0.50
	8	0.77	0.66	0.56	0.47	0.43
	10	0.68	0.58	0.49	0.41	0.38
	12	0.60	0.50	0.42	0.36	0.33
	14	0.52	0.44	0.37	0.31	0.30
	16	0.46	0.38	0.33	0.28	0.26

续表 5-1

ρ	β	e/h				
		0	0.05	0.10	0.15	0.17
0.9	4	0.92	0.82	0.71	0.60	0.56
	6	0.83	0.72	0.61	0.52	0.48
	8	0.73	0.63	0.53	0.45	0.42
	10	0.64	0.54	0.46	0.38	0.36
	12	0.55	0.47	0.39	0.33	0.31
	14	0.48	0.40	0.34	0.29	0.27
	16	0.41	0.35	0.30	0.25	0.24
1.0	4	0.91	0.81	0.70	0.59	0.55
	6	0.82	0.71	0.60	0.51	0.47
	8	0.72	0.61	0.52	0.43	0.41
	10	0.62	0.53	0.44	0.37	0.35
	12	0.54	0.45	0.38	0.32	0.30
	14	0.46	0.39	0.33	0.28	0.26
	16	0.39	0.34	0.28	0.24	0.23

对矩形截面构件，当轴向力偏心方向的截面边长大于另一方向的边长时，除按偏心受压计算外，还应对较小边长方向按轴心受压进行验算。

当网状配筋砖砌体构件下端与无筋砌体交接时，尚应验算无筋砌体的局部受压承载力。

5.2.3 构造措施

为了使网状配筋砖砌体受压构件安全而可靠地工作，在满足上述承载力的前提下，还应符合下列构造要求。

(1)研究表明，配筋率太小，砌体强度提高有限；配筋率太大，钢筋的强度不能充分利用。因此，网状配筋砌体中钢筋的体积配筋率不应小于0.1%，也不应大于1%。钢筋网的竖向间距，不应大于5皮砖，亦不应大于400 mm。

(2)由于钢筋网砌筑在灰缝砂浆内，考虑锈蚀的影响，设置较粗钢筋比较有利。但钢筋直径大，使灰缝增厚，对砌体受力不利。网状钢筋的直径宜采用3~4 mm。

(3)当钢筋网的网孔尺寸(钢筋间距)过小时，灰缝中的砂浆不易密实，如过大，则网状钢筋的横向约束作用小。钢筋网中钢筋的间距不应小于30 mm，且不应大于120 mm。

(4)所采用的砌体材料强度等级不宜过低，采用强度高的砂浆，砂浆的黏结力大，也有利于保护钢筋。网状配筋砖砌体的砂浆强度等级不应低于M7.5。

(5)为使钢筋网居中设置，灰缝厚度应保证钢筋上、下至少各有2 mm的砂浆层，既能保护钢筋，又使砂浆与块体较好地黏结。

【例题 5 – 1】　某房屋中横墙，墙厚 240 mm，墙的计算高度为 3.2 m，采用网状配筋砖砌体。由 MU10 烧结普通砖和 M7.5 水泥混合砂浆砌筑，配置乙级冷拔低碳钢丝 φ^b4 焊接方格钢筋网，网格尺寸为 70 mm×70 mm（图 5 – 6），且每 4 皮砖设置一层钢筋网，施工质量控制等级为 B 级。该墙承受轴心力设计值为 445 kN/m，试验算其受压承载力。

【解】　查表 1 – 1，$f = 1.69$ MPa（因采用水泥混合砂浆，且墙体截面面积大于 0.2 m²，该 f 值不需调整）。

查《冷拔钢丝预应力混凝土构件设计与施工规程》，$f_y = 320$ N/mm²。

$A_s = 12.6$ mm²，$a = 70$ mm，每皮砖以 65 mm 计得 $s_n = 260$ mm。网格尺寸及间距符合构造要求。

由公式（5 – 3）

$$\rho = \frac{(a+b)A_s}{abs_n} = \frac{70 \times 2 \times 12.6}{70 \times 70 \times 260} = 0.138\% \begin{array}{l} >0.1\% \\ <1.0\% \end{array}$$

由公式（5 – 2）

$$f_n = f + 2\left(1 - \frac{2e}{y}\right)\rho f_y = 1.69 + \frac{2 \times 0.138}{100} \times 320 = 2.57 \text{ MPa}$$

$$\beta = \frac{H_0}{h} = \frac{3.2}{0.24} = 13.3$$

查表 5 – 1 得

$$e/h = 0 \quad \beta = 13.3 \quad \rho = 0.1\% \quad \varphi_{n1} = 0.78 - \frac{0.78 - 0.72}{14 - 12}(13.3 - 12) = 0.741$$

$$e/h = 0 \quad \beta = 13.3 \quad \rho = 0.3\% \quad \varphi_{n2} = 0.71 - \frac{0.71 - 0.64}{14 - 12}(13.3 - 12) = 0.665$$

$$e/h = 0 \quad \beta = 13.3 \quad \rho = 0.138\% \quad \varphi_n = 0.741 - \frac{0.741 - 0.665}{0.3 - 0.1}(0.138 - 0.1) \approx 0.73$$

取 1000 mm 宽横墙进行验算，按公式（5 – 1）得

$$N_u = \varphi_n f_n A = 0.73 \times 2.57 \times 240 \times 1000 \times 10^{-3} = 450.3 \text{ kN} > N = 445 \text{ kN}$$

该横墙安全。

*5.3　组合砖砌体构件

5.3.1　砖砌体和钢筋混凝土面层或钢筋砂浆面层的组合砌体构件

当无筋砌体受压构件的截面尺寸受限制或设计不经济，以及轴向力的偏心距超过限值时，可以选用砖砌体和钢筋混凝土面层或钢筋砂浆面层的组合砖砌体构件。

1.受压性能

（1）在砖砌体和钢筋混凝土面层的组合砌体中，砖能吸收混凝土中多余的水分，有利于混凝土的结硬，尤其在混凝土结硬的早期（4～10d）更为明显，使得组合砌体中的混凝土较一般情况下的混凝土能提前发挥受力作用。当面层为砂浆时也有类似的性能。

（2）组合砖砌体轴心受压时，往往在砌体与面层混凝土或面层砂浆的连接处产生第一批裂缝。随着压力增大，砖砌体内逐渐产生竖向裂缝，但发展较为缓慢，这是由于面层具有一

定的横向约束作用。最终，砌体内的砖和面层混凝土或面层砂浆严重脱落甚至被压碎，或竖向钢筋在箍筋范围内压屈，组合砌体完全破坏，如图 5-6 所示。

(3) 组合砖砌体受压时，由于面层的约束，砖砌体的受压变形能力增大，当组合砖砌体达极限承载力时，其内砌体的强度未充分利用。在有砂浆面层的情况下，组合砖砌体达极限承载力时的压应变小于钢筋的屈服应变，其内受压钢筋的强度亦未充分利用。根据试验结果，混凝土面层的组合砖砌体，其砖砌体的强度系数 $\eta_m = 0.945$，钢筋的强度系数 $\eta_s = 1.0$；有砂浆面层时，其 $\eta_m = 0.928$，$\eta_s = 0.933$。在承载力计算时，对于混凝土面层，可取 $\eta_m = 0.9$，$\eta_s = 1.0$；对于砂浆面层，可取 $\eta_m = 0.85$，$\eta_s = 0.9$。

(4) 组合砖砌体轴心受压构件的稳定系数 φ_{com} 介于同样截面的无筋砖砌体构件的稳定系数 φ_0 和钢筋混凝土构件的稳定系数 φ_{rc} 之间。根据试验结果，φ_{com} 可按式 (5-4) 计算：

图 5-6　组合砖砌体
轴心受压破坏

$$\varphi_{com} = \varphi_0 + 100\rho(\varphi_{rc} - \varphi_0) \leqslant \varphi_{rc} \qquad (5-4)$$

式 (5-4) 表明，当组合砖砌体构件截面的配筋率 $\rho = 0$ 时，$\varphi_{com} = \varphi_0$；当 $\rho = 1\%$ 时，$\varphi_{com} = \varphi_{rc}$。$\varphi_{com}$ 也可从表 5-2 中查得。

表 5-2　组合砖砌体构件的稳定系数 φ_{com}

高厚比 β	配筋率 $\rho/\%$					
	0	0.2	0.4	0.6	0.8	$\geqslant 1.0$
8	0.91	0.93	0.95	0.97	0.99	1.00
10	0.87	0.90	0.92	0.94	0.96	0.98
12	0.82	0.85	0.88	0.91	0.93	0.95
14	0.77	0.80	0.83	0.86	0.89	0.92
16	0.72	0.75	0.78	0.81	0.84	0.87
18	0.67	0.70	0.73	0.76	0.79	0.81
20	0.62	0.65	0.68	0.71	0.73	0.75
22	0.58	0.61	0.64	0.66	0.68	0.70
24	0.54	0.57	0.59	0.61	0.63	0.65
26	0.50	0.52	0.54	0.56	0.58	0.60
28	0.46	0.48	0.50	0.52	0.54	0.56

注：组合砖砌体构件截面的配筋率 $\rho = A'_s/bh$。

2. 组合砖砌体轴心受压构件承载力

组合砖砌体轴心受压构件 (图 5-7) 的承载力，应按式 (5-5) 计算：

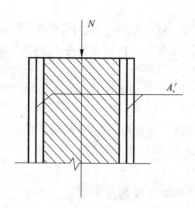

图 5 – 7　组合砖砌体轴心受压构件

$$N \leqslant \varphi_{com}(fA + f_c A_c + \eta_s f_y' A_s') \qquad (5-5)$$

式中：φ_{com}——组合砖砌体构件的稳定系数，可按表 5 – 2 采用；

　　　A——砖砌体的截面面积；

　　　f_c——混凝土或面层砂浆的轴心抗压强度设计值，砂浆的轴心抗压强度设计值可取为同强度等级混凝土的轴心抗压强度设计值的 70%，当砂浆为 M15 时，取 5.2 MPa；当砂浆为 M10 时，取 3.5 MPa；当砂浆为 M7.5 时，取 2.6 MPa；

　　　A_c——混凝土或砂浆面层的截面面积；

　　　η_s——受压钢筋的强度系数，当为混凝土面层时可取 1.0；当为砂浆面层时可取 0.9；

　　　f_y'——钢筋的抗压强度设计值；

　　　A_s'——受压钢筋的截面面积。

3. 组合砖砌体偏心受压构件承载力

研究和分析表明，组合砖砌体构件在偏心受压时（图 5 – 8）的受力和变形性能与钢筋混凝土构件的接近。因此，在分析组合砖砌体构件偏心受压的附加偏心距、钢筋应力和截面受压区高度界限值等方面，采用与钢筋混凝土偏心受压构件相类似的方法。

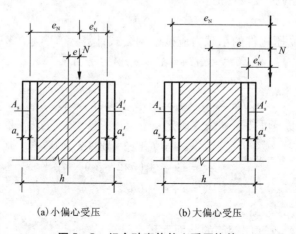

（a）小偏心受压　　　　　（b）大偏心受压

图 5 – 8　组合砖砌体偏心受压构件

（1）附加偏心距。

它是为了考虑组合砖砌体构件偏心受压后纵向弯曲的影响。根据平截面变形假定，通过截面破坏时的曲率，可求得构件的水平位移。该水平位移即为轴向力的附加偏心距。由此并根据试验结果取：

$$e_a = \frac{\beta^2 h}{2200}(1 - 0.022\beta) \qquad (5-6)$$

式中：e_a——组合砖砌体构件在轴向力作用下的附加偏心距；

β——构件高厚比，按偏心方向的边长计算；

h——构件截面高度。

（2）截面钢筋应力及受压区相对高度的界限值 ξ_b。

试验研究表明，组合砖砌体构件在大、小偏心受压时，距轴向力 N 较近侧钢筋（A'_s）的应力均可达到屈服；在小偏心受压时［图 5-8（a）］，距 N 较远侧钢筋（A_s）的应力（σ_s）随受压区的不同而变化，$\sigma_s = 650 - 800\xi$；在大偏心受压时［图 5-8（b）］，距 N 较远侧钢筋（A_s）的应力亦达到屈服。当钢筋 A_s 的应力达屈服时，由此可求得组合砖砌体构件截面受压区相对高度的界限值 ξ_b。当采用 HRB400 级钢筋时，$\xi_b = 0.36$；当采用 HRB335 级钢筋时，$\xi_b = 0.44$；当采用 HPB300 级钢筋时，$\xi_b = 0.47$。

根据上述分析结果，组合砖砌体构件中钢筋 A'_s 的应力为 f_y，钢筋 A_s 的应力应按下列规定计算（单位为 MPa，正值为拉应力，负值为压应力）：

小偏心受压时，即 $\xi > \xi_b$ 时，

$$\sigma_s = 650 - 800\xi \qquad (5-7)$$

大偏心受压时，即 $\xi \leqslant \xi_b$ 时，

$$\sigma_s = f_y \qquad (5-8)$$

$$\xi = x/h_0 \qquad (5-9)$$

式中：ξ——组合砖砌体构件截面的相对受压区高度；

ξ_b——组合砖砌体构件截面受压区相对高度的界限值；

h_0——组合砖砌体构件截面的受压区高度；

f_y——钢筋的抗拉强度设计值。

（3）承载力计算。

组合砖砌体偏心受压构件的承载力应按下列公式计算：

$$N \leqslant fA' + f_c A'_c + \eta_s f'_y A' - \sigma_s A_s \qquad (5-10)$$

或

$$Ne_N \leqslant fS_s + f_c S_{c,s} + \eta_s f'_y A'_s (h_0 - a'_s) \qquad (5-11)$$

此时受压区的高度 x 可按下列公式确定：

$$fS_N + f_c S_{c,N} + \eta_s f'_y A'_s e'_N - \sigma_s A_s e_N = 0 \qquad (5-12)$$

$$e_N = e + e_a + (h/2 - a_s) \qquad (5-13)$$

$$e'_N = e + e_a - (h/2 - a'_s) \qquad (5-14)$$

式中：σ_s——钢筋 A_s 的应力；

A_s——距轴向力 N 较远侧钢筋的截面面积；

A'——砖砌体受压部分的面积；

100

A'_c——混凝土或砂浆面层受压部分的面积；

S_s——砖砌体受压部分的面积对钢筋 A_s 重心的面积矩；

$S_{c,s}$——混凝土或砂浆面层受压部分的面积对钢筋 A_s 重心的面积矩；

S_N—砖砌体受压部分的面积对轴向力 N 作用点的面积矩；

$S_{c,N}$——混凝土或砂浆面层受压部分的面积对轴向力 N 作用点的面积矩；

e_N, e'_N——钢筋 A_s 和 A'_s 重心至轴向力 N 作用点的距离(图 5－8)；

e——轴向力的初始偏心距,按荷载设计值计算,当 e 小于 $0.05h$ 时,应取 $e = 0.05h$；

e_a——组合砖砌体构件在轴向力作用下的附加偏心距,应按式(5－6)计算；

h_0——组合砖砌体构件截面的有效高度,取 $h_0 = h - a_s$；

η_s——受压钢筋的强度系数,当为混凝土面层时可取 1.0；当为砂浆面层时可取 0.9；

a_s, a'_s——分别为钢筋 A_s 和 A'_s 重心至截面较近边的距离。

计算时,式(5－12)中各项的正、负号按图 5－9 确定,即各分力对轴向力 N 作用点取矩时,顺时针者为正,反之为负。例如小偏心受压且 A_s 的应力为压应力(σ_s 取负号),则在式(5－12)中,它对 N 点的力矩项为正号(负乘负得正)；当 N 作用在 A_s 和 A'_s 重心间距离以内时,$e'_N = e + e_a - (h/2 - a'_s)$ 的值为负号,则在式(5－12)中 A'_s 项产生的力矩为负号。

分析表明,组合砖砌体构件当 $e = 0.05h$ 时,按轴心受压计算的承载力与按偏心受压计算的承载力很接近。但当 $0 \leqslant e < 0.05h$ 时,按前者计算的承载力略低于后者的承载力。为避免这一矛盾,规定当偏心距很小,即 $e < 0.05h$ 时,取 $e = 0.05h$,并按偏心受压的公式计算承载力。

对于砖墙与组合砌体一同砌筑的 T 形截面构件[图 5－10(a)],可按矩形截面组合砖砌体构件计算[图 5－10(b)]。但其高厚比 β 仍按 T 形截面考虑,截面的翼缘宽度按 4.3 节的规定采用。

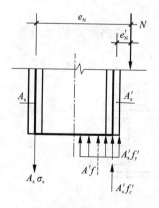

图 5－9 组合砖砌体构件截面内力图

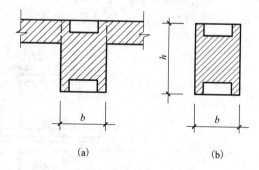

图 5－10 T 形截面组合砌体构件

4.构造措施

组合砖砌体由砌体和面层混凝土或面层砂浆组成,为了保证它们之间有良好的整体性和共同工作能力,应符合下列构造要求。

(1)面层混凝土强度等级宜采用 C20。面层水泥砂浆强度等级不宜低于 M10。砌筑砂浆的强度等级不宜低于 M7.5；

（2）竖向受力钢筋的混凝土保护层厚度，不应小于表 5-3 中的规定。竖向受力钢筋距砖砌体表面的距离不应小于 5 mm。

表 5-3　混凝土保护层最小厚度　　/mm

构件类型	环境条件	
	室内正常环境	露天或室内潮湿环境
墙	15	25
柱	25	35

注：当面层为水泥砂浆时，对于柱，保护层厚度可减小 5 mm。

（3）砂浆面层的厚度，可采用 30~45 mm。当面层厚度大于 45 mm 时，其面层宜采用混凝土。

（4）竖向受力钢筋宜采用 HPB300 级钢筋，对于混凝土面层，亦可采用 HRB335 级钢筋。受压钢筋一侧的配筋率，对砂浆面层，不宜小于 0.1%，对混凝土面层，不宜小于 0.2%。受拉钢筋的配筋率，不应小于 0.1%。竖向受力钢筋的直径，不应小于 8 mm，钢筋的净间距，不应小于 30 mm。

（5）箍筋的直径，不宜小于 4 mm 及 0.2 倍的受压钢筋直径，并不宜大于 6 mm。箍筋的间距，不应大于 20 倍受压钢筋的直径及 500 mm，并不应小于 120 mm。

（6）当组合砖砌体构件一侧的竖向受力钢筋多于 4 根时，应设置附加箍筋或拉结钢筋。

（7）对于截面长短边相差较大的构件如墙体等，应采用穿通墙体的拉结钢筋作为箍筋，同时设置水平分布钢筋。水平分布钢筋的竖向间距及拉结钢筋的水平间距，均不应大于 500 mm（图 5-11）。

（8）组合砖砌体构件的顶部、底部以及牛腿部位，必须设置钢筋混凝土垫块。竖向受力钢筋伸入垫块的长度，必须满足锚固要求。

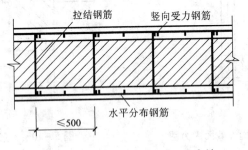

图 5-11　混凝土或砂浆面层组合墙

【例题 5-2】　某混凝土面层组合砖柱，（截面尺寸如图 5-12 所示），柱计算高度 6.7 m，砌体采用烧结煤矸石砖 MU10、水泥混合砂浆 M10 砌筑，面层混凝土 C20，施工质量控制等级 B 级；承受轴向力 $N = 350$ kN，沿截面长边方向作用的弯矩 $M = 170$ kN·m。试按对称配筋选择柱截面钢筋。

【解】　1.材料强度

组合砖柱中砌体的截面面积为：

$$0.49 \times 0.62 - 2 \times 0.12 \times 0.25 = 0.2438 \text{ m}^2 > 0.2 \text{ m}^2$$

取 $\gamma_a = 1$，并由表 1-1 得 $f = 1.89$ MPa。

$f_c = 9.6$ N/mm^2；选用 HPB300 级钢筋，$f_y = f'_y = 270$ N/mm^2

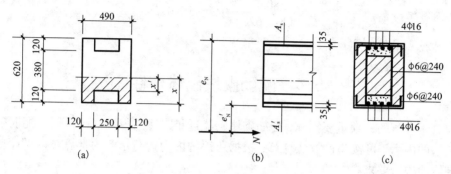

图 5-12　混凝土面层组合砖柱

2.判别大、小偏心受压

因 $e = M/N = 175/350 = 0.5$ m $= 500$ mm，先假定为大偏心受压。由式（5-10）得

$$N \leqslant fA' + f_cA'_c$$

设受压区高度为 x，并令 $x' = x - 120$，得

$$350 \times 10^3 = 1.89(2 \times 120 \times 120 + 490x') + 9.6 \times 250 \times 120$$

$$x' = \frac{7568}{926.1} = 8.17 \text{ mm}$$

得

$$x = 120 + 8.17 = 128.17 \text{ mm}$$

$$\xi = \frac{x}{h_0} = \frac{128.17}{620 - 35} = 0.219 < 0.55$$

上述大偏心受压假定成立。

3.计算参数

$$S_s = (490 \times 128.17 - 250 \times 120)\left[620 - 35 - \frac{490 \times 128.17^2 - 250 \times 120^2}{2(490 \times 128.17 - 250 \times 120)}\right]$$

$$= 16965181 \text{ mm}^3$$

$$S_{c,s} = 250 \times 120(620 - 35 - \frac{120}{2}) = 15.75 \times 10^6 \text{ mm}^3$$

因 $\beta = \frac{H_0}{h} = \frac{6.7}{0.62} = 10.8$，由式（5-6）得

$$e_a = \frac{\beta^2 h}{2200}(1 - 0.022\beta) = \frac{10.8^2 \times 620}{2200}(1 - 0.022 \times 10.8) = 25.06 \text{ mm}$$

由公式（5-13）得

$$e_N = e + e_a + (h/2 - a_s) = 500 + 25.06 + (620/2 - 35) = 800.06 \text{ mm}$$

4.选择钢筋

按公式(5-11)

$$Ne_N \leq fS_s + f_cS_{c,s} + \eta_s f_y' A_s'(h_0 - a_s')$$

$$350 \times 10^3 \times 800.06 = 1.89 \times 16965181 + 9.6 \times 15.75 \times 10^6 + 1.0 \times 270A_s'(585 - 35)$$

解得

$$A_s' = 651.6 \text{ mm}^2$$

选用 $4 \phi 16 (A_s' = 804 \text{ mm}^2)$。

每侧钢筋配筋率

$$\rho = \frac{804}{490 \times 620} = 0.26\% > 0.2\%$$

截面配筋见图5-12(c)。

5.4 配筋砌块砌体构件

作为墙体改革的一项重要措施,配筋砌块砌体近年来逐渐得到推广应用。配筋砌块砌体剪力墙结构的内力,可按弹性方法计算,根据所得的内力进行承载力计算。以下简单介绍配筋砌块砌体的构造要求。

5.4.1 配筋砌块砌体剪力墙构造要求

1.钢筋

(1)钢筋的直径不宜大于25 mm,当设置在灰缝中时,不宜大于灰缝厚度的1/2,也不应小于4 mm,在其他部位不应小于10 mm;配置在孔洞或空腔中的钢筋面积不应大于孔洞或空腔面积的6%。

(2)通常情况下,两平行钢筋间的净距不应小于50 mm,对于柱和壁柱中的竖向钢筋的净距不宜小于40 mm(包括接头处钢筋间的净距)。

(3)钢筋在灌孔混凝土中的锚固长度应满足:

①当计算中充分利用竖向受拉钢筋强度时,对HRB335级钢筋不应小于30d,对HRB400和RRB400级钢筋不应小于35d,在任何情况下钢筋(包括钢筋网片)锚固长度不应小于300 mm;

②竖向受拉钢筋不应在受拉区截断,如必须截断时,应延伸至按正截面受弯承载力计算不需要该钢筋的截面以外,延伸长度不应小于20d;

③竖向受压钢筋在跨中截断时,必须延伸至按计算不需要该钢筋的截面以外,延伸的长度不应小于20d;对绑扎骨架中末端无弯钩的钢筋,不应小于25d;

④钢筋骨架中的受力光面钢筋,应在钢筋末端作弯钩,在焊接骨架、焊接网以及轴心受压构件中,可不作弯钩;绑扎骨架中的受力带肋钢筋,在钢筋的末端可不作弯钩。

(4)对于直径大于22 mm的钢筋宜采用机械连接接头,接头的质量应符合有关标准、规范的规定;其他直径的钢筋可采用搭接接头,并应符合下列要求。

①钢筋的接头位置宜设置在受力较小处;

②受拉钢筋的搭接接头长度不应小于$1.1l_a$,受压钢筋的搭接接头长度不应小于$0.7l_a$,但不应小于300 mm;

③当相邻接头钢筋的间距不大于75 mm时,其搭接接头长度应为$1.2l_a$。当钢筋间的接

头错开 $20d$ 时，搭接长度可不增加。

（5）水平受力钢筋（网片）的锚固和搭接长度应符合下列规定。

①在凹槽砌块混凝土带中钢筋锚固长度不宜小于 $30d$，且其水平或垂直弯折段的长度不宜小于 $15d$ 和 200 mm；钢筋的搭接长度不宜小于 $35d$；

②在砌体水平灰缝中，钢筋的锚固长度不宜小于 $50d$，且其水平或垂直弯折段的长度不宜小于 $20d$ 和 250 mm；钢筋的搭接长度不宜小于 $55d$；

③在隔皮或错缝搭接的灰缝中钢筋的锚固长度不宜小于 $55d+2h$，d 为灰缝受力钢筋的直径，h 为水平灰缝的间距。

（6）灰缝中钢筋外露砂浆保护层厚度不宜小于 15 mm；位于砌块孔槽中的钢筋保护层，在室内正常环境下不宜小于 20 mm，在室外或潮湿环境下不宜小于 30 mm。对安全等级为一级或设计使用年限大于 50 年的配筋砌体结构构件，钢筋的保护层应比本规定的厚度至少增加 5 mm。

2. 配筋砌块砌体剪力墙、连梁

（1）配筋砌块砌体剪力墙、连梁所用的材料应满足：砌块不应低于 MU10；砌筑砂浆不应低于 Mb7.5；灌孔混凝土不应低于 Cb20。

（2）配筋砌块砌体剪力墙厚度、连梁截面宽度不应小于 190 mm。

（3）配筋砌块砌体剪力墙的构造配筋应符合下列规定。

①应在墙的转角、端部和孔洞的两侧配置竖向连续的钢筋，钢筋的直径不应小于 12 mm；

②应在洞口的底部和顶部设置不小于 $2\phi10$ 的水平钢筋，其伸入墙内的长度不应小于 $40d$ 和 600 mm；

③应在楼（屋）盖的所有纵横墙处设置现浇钢筋混凝土圈梁，圈梁的宽度和高度应等于墙厚和砌块高，圈梁主筋不应少于 $4\phi10$，圈梁的混凝土强度等级不应低于同层混凝土块体强度等级的 2 倍，或该层灌孔混凝土的强度等级也不应低于 C20；

④剪力墙其他部位的竖向和水平钢筋的间距不应大于墙长、墙高的 $1/3$，也不应大于 900 mm。

⑤剪力墙沿竖向和水平方向的构造钢筋配筋率均不应小于 0.07%。

（4）按壁式框架设计的配筋砌块窗间墙除应满足上述（1）、（2）、（3）规定外，尚应符合下列规定。

①窗间墙宽不应小于 800 mm；墙净高与净宽之比不宜大于 5。

②每片窗间墙中的竖向钢筋沿全高不应少于 4 根，配筋率不宜小于 0.2%，也不宜大于 0.8%。

③窗间墙中的水平分布钢筋应在墙端部纵筋处向下弯折 $90°$，弯折段长度不小于 15 d 和 150 mm；其间距在距梁边 1 倍墙宽范围内不应大于 $1/4$ 墙宽，其余部位不应大于 $1/2$ 墙宽；水平分布钢筋的配筋率不宜小于 0.15%。

（5）配筋砌块砌体剪力墙应按下列情况设置边缘构件。

①当利用剪力墙端的砌体时，在距墙端至少 3 倍的墙厚范围内的孔中设置不小于 $\phi12$ 通长竖向钢筋。当剪力墙端部的轴压比大于 $0.6f_g$ 时，尚应设置间距不大于 200 mm，直径不小于 6 mm 的水平钢筋（钢箍），该水平钢筋宜设置在灌孔混凝土中。

②当在剪力墙端设置混凝土柱时，柱的截面宽度宜不小于墙厚，柱的截面高度宜为 $1\sim 2$

倍的墙厚，并不应小于 200 mm。柱的混凝土强度等级不宜低于该墙体块体强度等级的 2 倍，或该墙体灌孔混凝土的强度的等级，也不应低于 Cb20。柱的竖向钢筋不宜小于 4φ12，箍筋不宜小于 φ6、间距不宜大于 200 mm；墙中的水平钢筋应在柱中锚固，并应满足钢筋的锚固要求。柱的施工顺序宜为先砌筑砌块墙体，后浇捣混凝土。

（6）配筋砌块砌体剪力墙中当连梁采用钢筋混凝土时，连梁混凝土的强度等级不宜低于同层墙体块体强度等级的 2 倍，或同层灌孔混凝土的强度等级，也不应低于 C20；其他构造尚应符合现行国家标准《混凝土结构设计规范》（GB 50010）的有关规定要求。

（7）配筋砌块砌体剪力墙中当连梁采用配筋砌块砌体时，连梁符合下列规定。

①连梁的截面高度不应小于 2 皮砌块的高度和 400 mm；连梁应采用 H 形砌块或凹槽砌块组砌，孔洞应全部浇灌混凝土。

②连梁上、下水平钢筋宜对称、通长设置，在灌孔砌体内的锚固长度不宜小于 40 d 和 600 mm。连梁水平受力钢筋的含钢率不宜小于 0.2%，也不宜大于 0.8%。

③连梁的箍筋直径不应小于 6 mm，其间距不宜大于 1/2 梁高和 600 mm；在距支座等于梁高范围内的箍筋应加密，间距不应大于 1/4 梁高，距支座表面第一根箍筋的间距不大于 100 mm。

箍筋的截面配箍率不宜小于 0.15%；箍筋宜采用封闭式，双肢箍末端弯钩 135°，单肢箍末端弯钩 180°或弯 90°加 12 倍箍筋直径的延长段。

3. 配筋砌块砌体柱

配筋砌块砌体柱（图 5 – 13）材料强度等级和配筋砌块砌体剪力墙、连梁的要求相同。柱截面边长不宜小于 400 mm，柱高度与截面短边之比不宜大于 30；柱的纵向钢筋直径不宜小于 12 mm，数量不应少于 4 根，全部纵向受力钢筋的配筋率不宜小于 0.2%；当纵向钢筋配筋率大于 0.25%，且柱承受的轴向力大于受压承载力设计值的 25% 时，柱中应设箍筋。箍筋直径不宜小于 6 mm，间距不应大于 16 倍纵向钢筋直径、48 倍箍筋直径及柱截面短边尺寸中较小者；箍筋应封闭，端部应弯折 90°，弯折段长度不小于 10 d；箍筋应设置在灰缝或灌孔混凝土中。

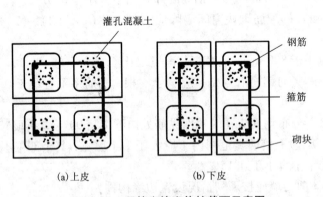

(a) 上皮　　　　　　　(b) 下皮

图 5 – 13　配筋砌块砌体柱截面示意图

本章小结

　　本章介绍了网状配筋砖砌体、组合砖砌体、组合砖墙体及配筋砌块砌体等几种常见的配筋砌体，较为详细地给出了网状配筋砖砌体和组合砖砌体的构造要求及适用范围。分析了网状配筋砖砌体及组合砖砌体的受压性能，按照现行规范给出了这两类配筋砌体的承载力计算公式，通过算例说明了公式的应用。

思考题答案

思考题

　　1. 在砌体结构中，对何类构件可采用配筋砌体？配筋砌体有哪几类？适用范围如何？

　　2. 简述网状配筋砌体与无筋砌体承载力计算公式的异同，怎样才能较好地发挥网状配筋的作用？

　　3. 何为组合砌体？偏心受压组合砌体的计算方法与钢筋混凝土偏心受压构件有何不同？

　　4. 试述组合砖砌体的受压性能。

　　5. 网状配筋砌体中为什么规范要求砂浆强度不低于 M7.5？

习题

　　1. 一网状配筋砖柱，截面尺寸为 370 mm ×490 mm，柱的计算高度为 4.2 m，网状配筋选用冷拔低碳钢丝 $\varphi^b 4$ 焊接网，钢丝间距为 50 mm，钢丝网间距为 260 mm，采用 MU15 砖及 M7.5 混合砂浆砌筑，施工质量控制等级为 B 级，承受轴向力设计值 $N = 230$ kN，沿截面长边方向作用的弯矩设计值 $M = 18.4$ kN·m。试验算其承载力。

　　2. 一刚性方案房屋组合砖砌体截面尺寸为 490 mm ×620 mm（图 5 – 13），柱的计算高度 $H_0 = 6600$ mm。承受轴向力设计值 $N = 880$ kN 及沿长边方向作用的弯矩 $M = 42$ kN·m，组合柱采用 MU10 砖、M7.5 混合砂浆、C20 混凝土及 HPB300 级钢筋，求 A_s 和 A'_s。

自测题

自测题答案

一、单项选择题

组合砖墙的砂浆强度等级不宜低于（　　）。

A. M2.5　　　　　B. M5　　　　　C. M7.5　　　　　D. M10

二、填空题

不宜采用网状砖砌体的情况是：对于矩形截面 _____ >0.17，或 _____ >16。

三、判断题

网状配筋砖砌体的钢筋网应设置在砌体的竖向灰缝中。

（　　　）

第6章 砌体墙、柱的构造要求

学习目标

1. 掌握墙体高厚比的验算。
2. 熟悉砌体墙、柱的一般构造要求和圈梁的设置及构造。
3. 了解墙体开裂的原因和特征，熟悉防止墙体开裂的措施。

6.1 墙、柱的高厚比验算

6.1.1 墙、柱的高厚比的要求

墙、柱的高厚比指房屋中墙的计算高度 H_0 与墙厚 h，或矩形柱的计算高度 H_0 与对应边长的比值，即 H_0/h 或 H_0/h_T。它可以用来反映砌体墙、柱在施工和使用阶段的稳定性和刚度。

验算高厚比的目是为了防止施工过程和使用阶段中的墙、柱出现过大的挠曲，轴线偏差和丧失稳定。

6.1.2 墙、柱的计算高度

砌体结构房屋墙柱的计算高度与房屋类别和构件支承条件有关。房屋类别指在对砌体房屋进行静力计算时所采取的计算方案，见表3-2，主要是由屋盖或楼盖类别和横墙间距确定。受压构件的计算高度 H_0，是根据弹性稳定理论关于压杆稳定的概念，并考虑工程安全方面确定的，按表4-4采用。

6.1.3 墙、柱的允许高厚比

1. 墙、柱的允许高厚比

墙、柱高厚比的限值称为允许高厚比，用 $[\beta]$ 表示。砖砌体墙、柱允许高厚比 $[\beta]$ 与钢结构受压杆件的长细比限值 $[\lambda]$ 具有相似的物理意义。影响墙、柱允许高厚比的因素很多，很难用理论推导的公式加以确定，《砌体结构设计规范》规定的 $[\beta]$ 值主要是根据房屋中墙、柱的稳定性和刚度条件由经验值确定的，与墙柱承载力无关。工程实践表明，$[\beta]$ 值的大小与砌筑砂浆的强度等级和施工质量有关，对《砌体结构设计规范》规定的 $[\beta]$ 值，当材料质量提高、施工水平改善时，将会有所增大。对高厚比的验算要求指墙、柱的实际高厚比不应超过《砌体结构设计规范》规定的允许高厚比值 $[\beta]$，即 $\beta \leqslant [\beta]$。《砌体结构设计规范》中允许高厚比值见表6-1。

表 6 - 1　墙、柱的允许高厚比 $[\beta]$ 值

砌体类型	砂浆强度等级	墙	柱
无筋砌体	≥M7.5 或 Mb7.5、Ms7.5	26	17
	M5 或 Mb5.0、Ms5.0	24	16
	M2.5	22	15
	M0.0（施工阶段）	14	11
配筋砌块砌体	—	30	21

注：(1)毛石墙、柱应按表中数值降低 20%；
　　(2)组合砖砌体构件提高 20%，但不大于 28。

2.墙、柱允许高厚比的影响因素

各因素对墙体允许高厚比 $[\beta]$ 的影响如下所述。

(1)砂浆的强度等级：它是影响砌体弹性模量和砌体构件刚度与稳定的主要因素。砂浆强度等级越高，允许高厚比值就越大，反之，允许高厚比值越小。

(2)砌体类型：空斗墙、毛石墙与实心砖墙的刚度差，故允许高厚比 $[\beta]$ 值相应降低；组合砖构件比实心砖构件刚度大，故 $[\beta]$ 值相应提高。

(3)横墙间距：横墙间距越小，房屋整体刚度越大，墙体刚度和稳定性越好。横墙间距越大，墙体刚度和稳定性越差。而柱与横墙无联系，故对其刚度要求较严，其允许高厚比较小。

(4)构件的重要性：对房屋中的次要墙体，如非承重墙，其允许高厚比 $[\beta]$ 可适当增大。故验算非承重墙高厚比 $[\beta]$ 时，表 6 - 1 中的 $[\beta]$ 值可以乘以允许高厚比修正系数 μ_1，非承重墙不用承重，在截面不变的情况下，修正系数 μ_1 可按下列规定取用。

当 $h = 240$ mm 时，$\mu_1 = 1.2$；

当 $h = 90$ mm 时，$\mu_1 = 1.5$；

当 90 mm $< h <$ 240 mm 时，μ_1 按插入法取用。

对于厚度小于 90 mm 的墙，当双面用不低于 M10 的水泥砂浆抹面，包括面层后的墙体总厚度不小于 90 mm 时，可按墙厚等于 90 mm 验算高厚比。对于上端为自由端的墙，其允许高厚比，除按上述规定提高外，尚可提高 30%。

(5)墙、柱的截面形式：砌体构件截面形状尺寸与所设计墙的开洞情况有关，截面惯性矩愈大，愈不易丧失稳定；墙体上门窗洞口削弱愈多，对保证稳定性愈不利，墙体的允许高厚比应该小些。对有门窗洞口的墙，其允许高厚比修正系数 μ_2 按式(6 - 1)计算：

$$\mu_2 = 1 - 0.4 \frac{b_s}{s} \geq 0.7 \tag{6 - 1}$$

式中：s——相邻窗间墙之间或壁柱之间距离；

　　　b_s——在宽度范围内的门窗洞口宽度。

计算有门窗洞口的修正系数 μ_2，其计算所得值应大于或等于 0.7，否则取为 0.7。当洞口高度等于或小于墙高的 1/5 时，可取 $\mu_2 = 1.0$。

当洞口墙高大于或等于墙高的 4/5 时，可按独立墙段验算高厚比。

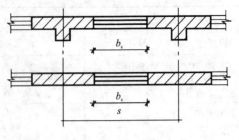

图 6 – 1 洞口宽度

(6)墙、柱的支承条件：房屋刚度越大，墙、柱在屋(楼)盖支承处的水平位移越小，因此允许高厚比[β]值可适当提高，反之，[β]值应相对减小。在工程实践中，这一影响因素通过改变墙、柱的计算高度 H_0 加以考虑。

6.1.4 不同形式的墙、柱的高厚比验算

1. 不带壁柱的墙或矩形柱的高厚比验算

其高厚比应按下式验算：

$$\beta = \frac{H_0}{h} \leqslant \mu_1 \mu_2 [\beta] \tag{6 – 2}$$

式中：H_0——墙、柱的计算高度，按表 4 – 4 取值；

  h——墙厚或矩形柱与 H_0 相对应的边长；

  μ_1——自承重墙允许高厚比的修正系数，柱取 $\mu_1 = 1.0$；

  μ_2——有门窗洞口墙允许高厚比的修正系数，柱取 $\mu_2 = 1.0$；

  $[\beta]$——墙、柱的允许高厚比，按表 6 – 1 采用。

2. 带壁柱墙高厚比验算

带壁柱墙的高厚比验算，应从两个方面进行，一方面，验算包括壁柱在内的整片墙的高厚比，这相当于验算墙体的整体稳定性；另一方面，验算壁柱间墙的高厚比，这相当于验算墙体的局部稳定。

(1)整片墙的高厚比验算。

此时将壁柱视为墙体的一部分，整片墙的计算截面为 T 形，故在按式(6 – 2)验算高厚比时，按等惯性矩和等面积的原则，将 T 形截面换算成矩形截面，换算后墙体的折算厚度为 h_T，将式(6 – 2)中的 h 换成 h_T，即：

$$\beta = \frac{H_0}{h_T} \leqslant \mu_1 \mu_2 [\beta] \tag{6 – 3}$$

式中：h_T——带壁柱墙的折算厚度，$h_T = 3.5i$，其中 i 为带壁柱墙截面的回转半径，即 $i = \sqrt{\dfrac{I}{A}}$，I 为带壁柱墙截面的惯性矩，A 为带壁柱墙截面的面积；H_0 为带壁柱墙截面的计算高度。

确定带壁柱墙的计算高度 H_0 时，墙体的长度应取相邻横墙间的距离。T 形截面在确定截

面回转半径时，带壁柱墙计算截面的翼缘宽度 b_f 应按 4.3.1 节的规定采用。

（2）壁柱间墙的高厚比验算。

验算壁柱间墙的高厚比时，仍按式（6-2）进行验算。计算高度 H_0 时，表 4-4 中的 s 应为相邻壁柱间的距离，且应按刚性方案选择。

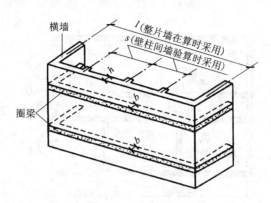

图 6-2　带壁柱的墙

当高厚比验算不能满足式（6-2）的要求时，可以在墙中设置钢筋混凝土圈梁，以增加墙体的刚度和稳定性。设有钢筋混凝土圈梁的带壁柱墙，当 $b/s \geq 1/30$ 时，圈梁可视为壁柱间墙的不动铰支点（b 为圈梁宽度）。即壁柱间墙体的计算高度可取圈梁间的距离或圈梁与其他横向水平支点间的距离。这是因为圈梁的水平刚度很大，可抑制壁柱间墙的侧向变形。如不允许增加圈梁的宽度，可按墙体平面外等刚度原则增加圈梁的高度，以满足壁柱间墙不动铰支点的要求。

3. 带构造柱墙高厚比验算

墙内设了构造柱后，墙体的刚度及稳定性会有所增强。带构造柱墙体的高厚比验算也包括两个方面，即包括整片墙的高厚比验算与构造柱间墙高厚比验算。

当构造柱截面宽度不小于墙厚时，可按式（6-2）验算带构造柱墙的高厚比，此时公式中 h 取墙厚；当确定墙的计算高度时，s 应取相邻墙间的距离；墙的允许高厚比 $[\beta]$ 可再乘以提高系数 μ_c，计算公式变为：

$$\beta = \frac{H_0}{h} \leq \mu_1 \mu_2 \mu_c [\beta] \qquad (6-4)$$

$$\mu_c = 1 + \gamma \frac{b_c}{l} \qquad (6-5)$$

式中：γ——系数，对细料石、半细料石砌体，$\gamma = 0$；对混凝土砌体、粗料石、毛料石及毛石砌体，$\gamma = 1.0$；其他砌体 $\gamma = 1.5$；

　　　　b_c——构造柱沿墙长方向的宽度；

　　　　l——构造柱的间距。

当 $b_c/l > 0.25$ 时，取 $b_c/l = 0.25$；当 $b_c/l < 0.05$ 时，取 $b_c/l = 0$。

考虑构造柱有利作用的高厚比验算不适用于施工阶段。

【例6-1】 某房屋平面的一部分如图6-3所示，纵、横墙厚度均为240 mm，采用M5砂浆砌筑，首层墙高4.6 m(外墙高已算至室外地面下500 mm，内墙算至基础大放脚顶面)，以上各层墙高3.6 m。隔断墙厚为120 mm，用M5砂浆砌筑。楼盖和屋盖结构均为装配整体式钢筋混凝土板。试验算纵墙、横墙和隔断墙的高厚比是否满足要求。

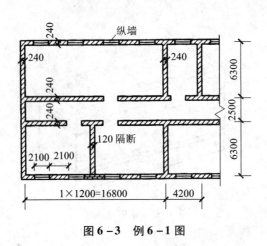

图6-3 例6-1图

解 (1)验算纵墙的高厚比

首层墙高 $H = 4.6$ m，以上各层 $H = 3.6$ m(小于首层)，外纵墙对墙体的削弱较内纵墙门洞对墙体的削弱多，所以纵墙仅对外墙进行验算即可。

横墙的最大间距 $s = 4 \times 4.2$ m $= 16.8$ m < 32 m，查表3-2知该房屋属于刚性方案。

$H = 4.6$ m，$2H = 9.2$ m，$s = 16.8$ m $> 2H = 9.2$ m，查表4-4知

$$H_0 = 1.0H = 4.6 \text{ m}$$

$b_s = 2.1$ m，相邻窗间墙距离 $s = 4.2$ m，则 $\mu_2 = 1 - 0.4 \times \dfrac{2.1}{4.2} = 0.8$。

外纵墙为承重墙，$\mu_1 = 1.0$

砂浆强度等级为M5，查表6-1知 $[\beta] = 24$。

$$\mu_1 \mu_2 [\beta] = 1.0 \times 0.8 \times 24 = 19.2$$
$$\beta = H_0 / h = 4600/240 = 19.2 = \mu_1 \mu_2 [\beta] = 19.2$$

满足要求。

(2)验算横墙高厚比

墙长 $s = 6.3$ m，$H = 4.6$ m，$2H = 9.2$ m，$2H > s > H$，查表4-4得

$$H_0 = 0.4s + 0.2H = 0.4 \times 6.3 + 0.2 \times 4.6 = 3.44 \text{ m}$$

横墙上没有门窗洞口，$\mu_2 = 1.0$，横墙为承重墙，$\mu_1 = 1.0$ 则

$$\mu_1 \mu_2 [\beta] = 1.0 \times 1.0 \times 24 = 24$$
$$\beta = H_0 / h = 3440/240 = 14.3 < \mu_1 \mu_2 [\beta] = 24$$

满足要求。

(3)验算隔断墙的高厚比

隔断墙上端一般用立砖斜砌顶住楼面梁底，两侧与纵墙之间沿高度每隔500 mm用2φ6

112

钢筋拉结，所以可按周边有拉结的墙计算。但考虑两侧的拉结质量不能很好地保证，以及隔断墙的位置在建筑物建成后可能变动等因素，设计时可忽略拉结的有利作用，取其计算高度等于每层的实际高度，在本题中取 $H_0 = H = 4.6 - 0.5 - 0.5$（梁高）$= 3.6$。

隔断墙为非承重墙，厚度 $h = 120$ mm，未开洞，则

$$\mu_1 = 1.2 + (1.5 - 1.2)\frac{240 - 120}{240 - 90} = 1.44$$

$$\mu_1\mu_2[\beta] = 1.44 \times 1.0 \times 24 = 34.56$$

$$\beta = H_0/h = 3600/120 = 30 < \mu_1\mu_2[\beta] = 34.56$$

满足要求。

【例6-2】 某单层仓库其纵横承重墙均采用 MU10 蒸压灰砂砖，Ms7.5 砂浆砌筑，如图 6-4 所示，全长 $6 \times 6 = 36$ m，宽 12 m，装配式无檩体系屋盖，已知壁柱下段嵌固于室内地面以下 0.5 m 处，房屋层高为 4.5 m，两端山墙设有构造柱，试验算外纵墙和山墙的高厚比。

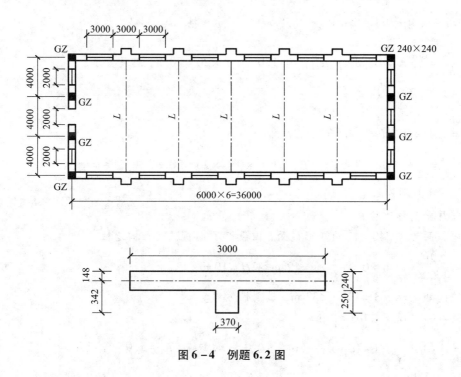

图6-4 例题6.2图

解 (1)确定静力计算方案

该仓库为 1 类屋盖，$s = 36$ m，查表知，横墙间距 32 m $< s <$ 72 m，属于刚弹性方案，壁柱下段嵌固于室内地面以下 0.5 m 处，墙的高度 $H = 4.5 + 0.5 = 5$ m，查表 6-1，Ms7.5 砂浆，$[\beta] = 26$。

(2)验算外纵墙高厚比

带壁柱墙截面几何特征计算：

截面面积：

$$A = 240 \times 3000 + 370 \times 250 = 8.125 \times 10^5 \text{ mm}^2$$

截面形心位置

$$y_1 = \frac{3000 \times 240 \times 120 + 370 \times 250 \times (240 + 250/2)}{8.125 \times 10^5} = 148 \text{ mm}$$

$$y_2 = 240 + 250 - 148 = 342 \text{ mm}$$

截面惯性矩

$$I = \frac{1}{3}\left[3000 \times 148^3 + 370 \times 342^3 + (3000 - 370) \times (240 - 148)^3\right] = 8.86 \times 10^9 \text{ mm}^4$$

回转半径

$$i = \sqrt{I/A} = \sqrt{8.86 \times 10^9 / (8.125 \times 10^5)} = 104 \text{ mm}$$

折算厚度

$$h_T = 3.5i = 3.5 \times 104 = 364 \text{ mm}$$

①纵墙整片墙高厚比验算

查表 4-4，$H_0 = 1.2H = 1.2 \times 5 = 6$ m

$$\mu_2 = 1 - 0.4\frac{b_s}{s} = 1 - 0.4 \times \frac{3}{6} = 0.8 > 0.7 \quad \text{承重墙} \quad \mu_1 = 1.0$$

$$\beta = \frac{H_0}{h_T} = \frac{6000}{364} = 16.48 < \mu_1\mu_2[\beta] = 1.0 \times 0.8 \times 26 = 20.8，满足要求。$$

②壁柱间墙高厚比验算

$H = 5$ m，$s = 6$ m，$H < s < 2H$

$$H_0 = 0.4s + 0.2H = 0.4 \times 6 + 0.2 \times 5 = 3.4 \text{ m}$$

$$\beta = \frac{H_0}{h} = \frac{3400}{240} = 14.17 < \mu_1\mu_2[\beta] = 1.0 \times 0.8 \times 26 = 20.8，满足要求。$$

（3）验算山墙高厚比

①整片墙高厚比验算

山墙截面为厚 240 mm 的矩形截面，但设置了钢筋混凝土构造柱

$$\frac{b_c}{l} = \frac{240}{4000} = 0.06 > 0.05，\quad s = 12 \text{ m} > 2H = 10 \text{ m}$$

纵墙间距 $s = 4 \times 3 = 12$ m < 32 m，属刚性方案。

查表 4-4，$H_0 = 1.0H = 5$ m。

$$\mu_2 = 1 - 0.4\frac{b_s}{s} = 1 - 0.4 \times \frac{2}{4} = 0.8 > 0.7 \quad \text{承重墙} \quad \mu_1 = 1.0$$

$$\mu_c = 1 + \gamma\frac{b_c}{l} = 1 + 1.5 \times 0.06 = 1.09$$

$$\beta = \frac{H_0}{h} = \frac{5000}{240} = 20.83 < \mu_1\mu_2\mu_c[\beta] = 1.0 \times 0.8 \times 1.09 \times 26 = 22.67$$

满足要求。

②构造柱间墙高厚比验算

构造柱间距 $s = 4$ m $< H = 5$ m，

查表 4-4，$H_0 = 0.6s = 0.6 \times 4000 = 2400$

$$\mu_2 = 1 - 0.4\frac{b_s}{s} = 1 - 0.4 \times \frac{2}{4} = 0.8 > 0.7 \quad \text{承重墙} \quad \mu_1 = 1.0$$

$$\beta = \frac{H_0}{h} = \frac{2400}{240} = 10 < \mu_1\mu_2[\beta] = 1.0 \times 0.8 \times 26 = 20.6$$

满足要求。

6.2　墙、柱的一般构造措施

为了保证房屋的空间刚度和整体性,砌体结构房屋除了满足高厚比的验算要求外,还需满足下述构造要求。

6.2.1　砖、砂浆的强度等级

一般墙体的砖和砂浆强度等级可按截面承载力计算结果选用。但对于某些墙体,从耐久性要求考虑,砖和砂浆的强度等级应满足一定的要求,见表 6 – 2。

地面以下或防潮层以下的砌体,潮湿房间的墙,所用材料的最低强度等级应符合表 6 – 2 的要求。

表 6 – 2　地面以下或防潮层以下的砌体、潮湿房间的墙所用材料的最低强度等级

基土的潮湿程度	烧结普通砖	混凝土普通砖、蒸压普通砖	混凝土砌块	石料	水泥砂浆
稍潮湿的	MU15	MU20	MU7.5	MU30	M5
很潮湿的	MU20	MU20	MU10	MU30	M7.5
含水饱和的	MU20	MU25	MU15	MU40	M10

对安全等级为一级或设计使用年限大于 50 年的房屋,表中材料强度等级应至少提高一级。在使用表 6 – 2 时,对冻胀地区的地面以下或防潮层以下的砌体,不宜采用多孔砖,如采用时,其孔洞应用不低于 M10 的水泥砂浆灌实。当采用混凝土空心砌块时,其孔洞采用强度等级不低于 Cb20 的混凝土预先灌实。

处于有侵蚀性介质的环境下,砌体材料应符合下列规定。

(1)不应采用蒸压灰砂普通砖、蒸压粉煤灰普通砖;

(2)应采用实心砖,砖的强度等级不应低于 MU20,水泥砂浆的强度等级不应低于 M10;

(3)混凝土砌块的强度等级不应低于 MU15,灌孔混凝土的强度等级不应低于 Cb30,砂浆的强度等级不应低于 Mb10;

(4)应根据环境条件对砌体材料的抗冻指标及耐酸、碱性能提出要求,或符合有关规范的规定。

6.2.2　墙体的连结

为了保证房屋整体性,砌块墙与后砌隔墙交接处,应沿墙高每 400 mm 在水平灰缝内设置不少于 2ϕ4 的焊接钢筋网片,如图 6 – 5 所示。

砌块砌体应分皮错缝搭砌,上下皮搭砌长度不应小于 90 mm。不满足上述要求时,应在水平灰缝内设置不少于 2ϕ4 的焊接钢筋网片(横向钢筋的间距不应大于 200 mm),网片每端

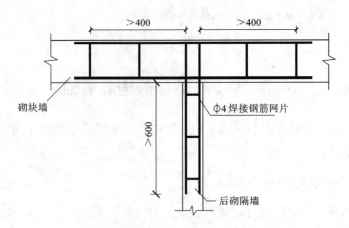

图 6 – 5　砌块墙与后砌隔墙交接处钢筋网片

均应伸出该垂直缝不得小于 300 mm。

墙体转角处和纵横墙交接处应沿竖向每隔 400 ~ 500 mm 设拉结钢筋，其数量为每 120 mm 墙厚不少于 1 根直径 6 mm 的钢筋；或采用焊接钢筋网片，埋入长度从墙的转角或交接处算起，对实心砖墙每边不小于 500 mm，对多孔砖墙和砌块墙不小于 700 mm。

钢筋混凝土骨架房屋的填充墙与隔墙，应分别采取措施与周边构件可靠连接。一般是在钢筋混凝土骨架中预埋拉结筋，并在砌砖时将其嵌入墙的水平灰缝内（图 6 – 6）。

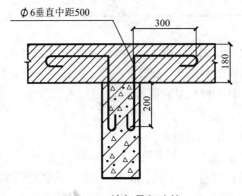

图 6 – 6　墙与骨架连接

预制钢筋混凝土板支承在钢筋混凝土圈梁上不应小于 80 mm，板端伸出的钢筋应与圈梁可靠连接，且同时浇筑；预制钢筋混凝土板在墙上的支承长度不应小于 100 mm，并应按下列方法进行连接。

（1）板支承于内墙时，板端钢筋伸出长度不应小于 70 mm，且与支座处沿墙配置的纵筋绑扎，用强度等级不应低于 C25 的混凝土浇筑成板带；

（2）板支承于外墙时，板端钢筋伸出长度不应小于 100 mm，且与支座处沿墙配置的纵筋绑扎，用强度等级不应低于 C25 的混凝土浇筑成板带；

（3）预制钢筋混凝土板与现浇板对接时，预制板端钢筋应伸入现浇板中进行连接后，再浇筑现浇板。

6.2.3　墙体尺寸及开洞

1. 墙体尺寸

墙体的截面尺寸应符合砖的模数要求，如烧结普通砖的厚度一般为 120 mm、180 mm、240 mm、370 mm、490 mm、620 mm 等尺寸。对于带壁柱的 T 形截面墙，也应符合砖模数，承重墙的尺寸一般为 240 mm、370 mm 和 490 mm。

墙体的截面尺寸及厚度：承重的独立砖柱截面尺寸不应小于 240 mm×370 mm，毛石墙的厚度不宜小于 350 mm，毛料石柱较小边长不宜小于 400 mm。

当有振动荷载时，墙、柱不宜采用毛石砌体。

圈梁的高度和宽度、预制梁板的高度、砖大放脚尺寸等也要与砖尺寸相适应。否则墙体局部灰缝太厚或者太薄，都将影响砌体的整体强度。

对门（窗）间墙，也应尽量使其宽度符合砖的模数，以免施工时砍砖太多，费工费料还影响质量；对于同一片墙，厚度宜相同，以免给构造和施工带来困难。带壁柱墙的壁柱应该有规则地布置。

2. 墙体开洞

多层房屋墙上、下层洞宜对齐。这对外纵墙很容易做到，但对内纵墙，要做到上、下层门洞对齐往往不是很容易做到的。一般地，上层荷载要通过下层洞过梁才能传给下层窗洞口两侧的墙体。这将会加大过梁的截面尺寸，且还会使过梁支承处墙体应力集中。对此如果处理不当，就会使该处墙体或过梁出现裂缝。

房屋顶层和底层门窗洞口两边易出现裂缝，故规定在顶层和底层门窗洞口两边 200 mm 范围内的孔洞用混凝土灌实。

6.2.4　墙体与屋、楼盖结构的连结

为了保证房屋整体刚度，楼盖或屋盖与墙体应互相拉结。

1. 梁和屋架与砌体的连接

跨度大于 6 m 的屋架和跨度大于下列数值的梁，应设置混凝土或钢筋混凝土垫块；当墙中设圈梁时，垫块与圈梁宜浇成整体。

（1）对砖砌体为 4.8 m；

（2）对砌块和料石砌体为 4.2 m；

（3）对毛石砌体为 3.9 m。

支承在墙、柱上的吊车梁、屋架及跨度大于等于下列数值的预制梁的端部，应采用锚固件与墙、柱上的垫块锚固。

（1）对砖砌体为 9 m；

（2）对砌块和料石砌体为 7.2 m。

当梁跨度大于或等于下列数值时，支承处宜加设壁柱或采取其他加强措施。

（1）对 240 mm 厚的砖墙为 6 m；

（2）对 180 mm 厚的砖墙为 4.8 m；

（3）对砌块、料石墙为 4.8 m。

2. 梁、屋架支承处混凝土砌块墙体的加固

混凝土砌块墙体的下列部位，如未设圈梁或混凝土垫板，应采用不低于 Cl20 灌孔混凝土将孔洞灌实。

(1)格栅、檩条和钢筋混凝土楼板的支承面下，高度不应小于 200 mm 的砌体；

(2)屋架、梁等构件的支承面下，高度不应小于 600 mm 的砌体，长度不应小于 600 mm 的砌体；

(3)挑梁支承面下，距墙中心线每边不应小于 300 mm，高度不应小于 600 mm 的砌体。

山墙处的壁柱宜砌至山墙顶部，屋面构件应与山墙可靠拉结。在风压较大地区，檩条应与山墙锚固外，屋盖还不能挑出山墙，以避免风吸力吸起屋盖甚至由于山墙处于悬臂状态而倒塌。

6.2.5 框架填充墙的构造

地震震害的情况表明，框架结构填充墙等非结构构件都遭到了不同程度的破坏，有的甚至超出了主体结构。限于对这一情况的实际认识水平，我国规范仍考虑框架结构填充墙与框架柱、框架梁为刚性连接。其实际采用的构造措施仍为刚性连接方法。

一般地，对抗震设防地区，我国规范提出了框架结构填充墙与框架柱、框架梁脱开的构造方案：

(1)填充墙两端与框架柱，填充墙顶面与框架梁之间留出不小于 20 mm 的间隙。

(2)填充墙端部应设置构造柱，构造柱间距宜不大于 20 倍墙厚且不大于 4000 mm，构造柱宽度不小于 100 mm。构造柱竖向钢筋不宜小于 $\phi10$，箍筋宜为 ϕ^R5，竖向间距不宜大于 400 mm。竖向钢筋与框架梁或其挑出部分的预埋件或预留钢筋连接，绑扎接头时不小于 $30d$，焊接时(单面焊)不小于 $10d$(d 为钢筋直径)。柱顶与框架梁(板)应预留不小于 15 mm 的缝隙，用硅酮胶或其他弹性密封材料封缝。当填充墙有宽度大于 2100 mm 的洞口时，洞口两侧应加设宽度不小于 50 mm 的单筋混凝土柱。

(3)填充墙两端宜卡入设在梁、板底及柱侧的卡口铁件内，墙侧卡口板的竖向间距不宜大于 500 mm，墙顶卡口板的水平间距不宜大于 1500 mm。

(4)墙体高度超过 4 m 时宜在墙高中部设置与柱连通的水平系梁。水平系梁的截面高度不小于 60 mm。填充墙高不宜大于 6 m。

(5)填充墙与框架柱、框架梁的缝隙可采用聚苯乙烯泡沫塑料板条或聚氨酯发泡填充，并用硅酮胶或其他弹性密封材料密封。

(6)所有连接用钢筋、金属配件、铁件、预埋件等均应作防腐防锈处理，并应符合《砌体结构规范》第4.3节的规定。嵌缝材料应能满足变形和防护要求。

当填充墙与框架采用不脱开的方法时，宜符合下列规定。

(1) 沿柱高每隔 500 mm 配置 2 根直径 6 mm 的拉结钢筋(墙厚大于 240 mm 时配置 3 根直径 6 mm)，钢筋伸入填充墙长度不宜小于 700 mm，且拉结钢筋应错开截断，相距不宜小于 200 mm。填充墙墙顶应与框架梁紧密结合。顶面与上部结构接触处宜用一皮砖或配砖斜砌楔紧。

(2)当填充墙有洞口时，宜在窗洞口的上端或下端、门洞口的上端设置钢筋混凝土带，钢筋混凝土带应与过梁的混凝土同时浇筑，其过梁的断面及配筋由设计确定。钢筋混凝土带的混凝土强度等级不小于 C20。当有洞口的填充墙尽端至门窗洞口边距离小于 240 mm 时，宜采用钢筋混凝土门窗框。

（3）填充墙长度超过 5 m 或墙长大于 2 倍层高时，墙顶与梁宜有拉接措施，墙体中部应加设构造柱；墙高度超过 4 m 时宜在墙高中部设置与柱连接的水平系梁，墙高超过 6 m 时，宜沿墙高每 2 m 设置与柱连接的水平系梁，梁的截面高度不小于 60 mm。

填充墙、隔墙应分别采取措施与周边构件可靠连接。框架填充墙墙体除应满足稳定要求外，尚应考虑水平风荷载及地震作用的影响。地震作用可按现行国家标准《建筑抗震设计规范》（GB 50011—2010）中非结构构件的规定计算。在正常使用和正常维护条件下，填充墙的使用年限宜与主体结构相同，结构的安全等级可按二级考虑。

6.3　圈梁的设置与构造要求

圈梁空间图

6.3.1　圈梁的作用

在建筑物外墙四周和全部或部分纵横内墙上，沿水平方向设置的连续、封闭的现浇钢筋混凝土梁，称之为圈梁。位于屋面梁、板下的圈梁又称为檐口圈梁，其他各层的门窗洞口或楼面梁、板下设置的圈梁称为腰梁，在 ±0.00 标高以下基础墙中设置的圈梁，称为地圈梁。

钢筋混凝土圈梁的主要作用有：增加纵横墙体的连接，加强整个房屋的整体性；圈梁可箍住楼盖，增强其整体刚度；减小墙体的自由长度，增强墙体的稳定性，减少振动作用对房屋产生的不利影响；可提高房屋的抗剪强度，约束墙体裂缝的开展；抵抗地基不均匀沉降，减小构造柱计算长度；圈梁与构造柱一起，形成砌体房屋的箍，使其抗震性能大大改善。

建筑在软弱地基或承载力不均匀地基上的砌体房屋，可能会因地基的不均匀沉降而在墙体中出现裂缝。设置圈梁后，可承受地基不均匀沉降在墙体内产生的拉应力，减小墙体开裂的宽度，延缓开裂时间，并有效地消除或减弱较大振动荷载对墙体产生的不利影响。在考虑地基不均匀沉降时，圈梁以设置在基础顶面和房屋檐口部位起的作用最大。如果房屋沉降中间较大，两端较小，基础顶面的圈梁作用最大；如果房屋沉降中间较小，两端较大，檐口部位的圈梁作用最大。

跨过门窗洞口的圈梁，配筋若不小于过梁时，可兼作过梁。当窗洞较宽而窗间墙较窄时，可设置连续过梁，若两端与圈梁相连，也可起到圈梁作用。

6.3.2　钢筋混凝土圈梁的设置部位及构造要求

1. 圈梁的布置

从圈梁的作用可知，圈梁的设置通常应综合考虑房屋的地基情况，房屋类型、层数及荷载的特点后，再决定其设置的位置和数量。

（1）厂房、仓库、食堂等空旷的单层房屋应按下列规定设置圈梁。

①砖砌体房屋，檐口标高为 5～8 m 时，应在檐口标高处设置一道圈梁；当檐口标高大于 8 m 时，应增加设置数量。

②砌块及料石砌体结构房屋，当檐口标高为 4～5 m 时，应在檐口标高处设置一道圈梁；当檐口标高大于 5 m 时，应增加设置数量。

③对有吊车或较大振动设备的单层工业房屋，当未采取有效的隔震措施时，除在檐口或窗顶标高处设置现浇钢筋混凝土圈梁外，尚应增加设置数量（在吊车梁轨顶标高处或其他适应位置设圈梁）。

（2）宿舍、办公楼等多层砌体房屋。

宿舍、办公楼等多层砌体结构民用房屋，且层数为3~4层时，应在底层和檐口标高处各设置一道圈梁。当层数超过4层时，除应在底层和檐口标高处各设置一道圈梁外，至少应在所有纵横墙上隔层设置。

（3）多层砌体工业房屋。

多层砌体工业房屋应每层设置现浇钢筋混凝土圈梁。

（4）设置墙梁的多层砌体结构房屋。

设置墙梁的多层砌体结构房屋应在托梁、墙梁顶面和檐口标高处设置现浇钢筋混凝土圈梁。

建筑在软弱地基或不均匀地基上的砌体房屋除按上述规定设置圈梁外，尚应符合现行国家标准《建筑地基基础设计规范》（GB 50007—2011）的有关规定及要求。

2. 圈梁的构造要求

圈梁的受力与墙体因荷载、温度、沉降等引起的变形有关，其内力分布复杂，目前尚无完整的计算方法。一般在满足前述布置要求的前提下，还应满足以下构造要求。

（1）圈梁宜连续地设在同一水平面上，并形成封闭状；当圈梁被门窗洞口截断时，就在洞口上部增设相同截面的附加圈梁（图6-7）。附加圈梁与圈梁的搭接长度不应小于其垂直间距（图6-7中的 H）的2倍，且不得小于1 m。

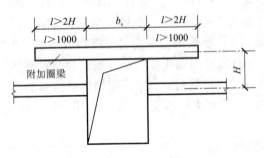

图6-7 附加圈梁

（2）纵横墙交接处的圈梁应有可靠的连接。刚弹性和弹性方案房屋，圈梁应与屋架、大梁等构件可靠连接。

（3）钢筋混凝土圈梁的宽度宜与墙厚相同，当墙厚 $h \geq 240$ mm，其宽度不宜小于 $2h/3$。圈梁高度不应小于120 mm。纵向钢筋不应小于 $4\phi10$，绑扎接头的搭接长度按受拉钢筋考虑，箍筋间距不应大于300 mm。

（4）圈梁兼作过梁时，过梁部分的钢筋应按计算面积另行增配。

（5）采用现浇钢筋混凝土楼（屋）盖的多层砌体结构房屋，当层数超过5层时，除应在檐口标高处设置一道圈梁外，可隔层设置圈梁。并应与楼（屋）面板一起现浇。未设置圈梁的楼面板嵌入墙内的长度不应小于120 mm，并沿墙长配置不少于 $2\phi10$ 的纵向钢筋。

（6）为加强梁在房屋转角、丁字接头处连接，应设置如图 6 - 8 所示的附加钢筋。

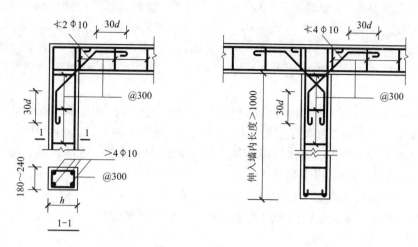

图 6 - 8　圈梁的连接

（7）为了防止钢筋混凝土圈梁受温度而产生裂缝等现象，其最大长度可按《混凝土结构设计规范》（GB 50010—2010）中有关伸缩缝最大的要求考虑（表 6 - 3）。

6.4　墙体开裂的原因及预防措施

6.4.1　墙体开裂的原因及特征

砌体结构房屋墙体抗裂性差、温度变化、墙体收缩、地基沉降及砌体本身质量问题等都可使砌体结构房屋产生裂缝。砌体房屋常见的裂缝形态有温度裂缝和沉降裂缝，如图 6 - 9 所示。细微裂缝将直接影响房屋的整体和外观，严重的裂缝将影响墙体的稳定性和承载力，甚至引起倒塌事故。在许多情况下，墙体开裂是重大事故的先兆，因此要认真分析砌体发生裂缝的原因，妥善处理。

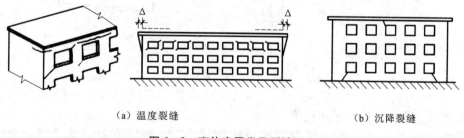

（a）温度裂缝　　　　　　　　　　（b）沉降裂缝

图 6 - 9　砌体房屋常见裂缝形态

1. 温度和收缩变形引起的裂缝

由于房屋周围温度(主要是大气温度)变化引起结构构件热胀冷缩的变形称为温度变形。钢筋混凝土的线膨胀系数为$(10\sim14)\times10^{-6}/℃$,砖砌体的线膨胀系数为$(5\sim8)\times10^{-6}/℃$,两者相差一倍。在砌体结构房屋中,钢筋混凝土楼盖、屋盖和砖墙组成一个空间整体,上述变形差异将导致构件中产生附加应力,当构件中产生的拉应力超过材料抗拉强度时,就会产生裂缝。

混凝土在结硬的过程中,因内部自由水蒸发引起干缩变形,因内部水和水泥发生化学反应引起凝缩变形,两者的总和就是混凝土的收缩变形,其收缩值为$(2\sim4)\times10^{-6}/℃$,而砖石砌体的收缩不甚明显。因此,墙体将抵制埋入墙体内的混凝土梁、板端收缩,而梁、板的收缩在墙体内产生附加应力,将引起墙体开裂。

实践表明,由温度和收缩引起的墙体裂缝主要有以下几种。

(1)由钢筋混凝土屋盖和墙体相对变形引起的顶层墙体裂缝。

这种裂缝一般有以下几种。

①女儿墙裂缝。

不少砌体结构房屋的女儿墙建成后不就便发生侧向弯曲,在女儿墙根部和平屋顶交接处墙体外凸或女儿墙外倾,造成女儿墙开裂,一般是水平开裂,在房屋的短边裂缝比长边明显(图6–10)。产生这种裂缝的主要原因是钢筋混凝土屋盖和屋面的水泥砂浆面层在气温升高后的伸长比砖墙的伸长大,砖墙阻止屋盖结构和水泥砂浆面层相伸长,因此屋盖结构和砂浆面层对墙体产生推力导致墙体开裂。温差愈大、房屋愈长,墙体开裂就愈严重。采用预制装配屋面板,比采用整体现浇屋面板情况要好得多,其女儿墙裂缝相对较少。

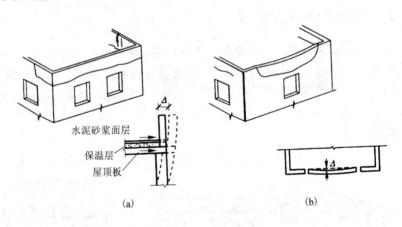

图6–10　女儿墙裂缝

②屋面板下面外墙的水平和包角裂缝。

这种裂缝一般出现在屋面板底部或顶层圈梁底部,裂缝有时贯通墙厚,裂缝形状如图6–11所示。

③内外纵墙和横墙的"八"字形裂缝。

这种裂缝多数出现在每片墙体的端部,第1~2个开间的范围内,严重时可发展到房屋1/3长度范围内,一般集中在门窗洞口的角部,呈"八"字形[图6–9(a)]。产生这种裂缝的

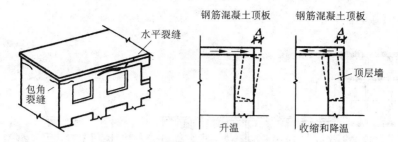

图6-11　外墙水平裂缝与包角裂缝

原因是气温升高后，屋面板的伸长比相应的砖墙伸长大，使顶层墙体因屋面板的推力作用受拉或受剪。

（2）由钢筋混凝土楼盖与墙体相对变形引起的裂缝。

①当房屋错层时，错层交层处的墙体竖向开裂（图6-12）。产生这种裂缝的主要原因是由于混凝土收缩和温度下降，钢筋混凝土楼盖收缩变形使错层交界处沿竖向截面受拉，当拉应力超过砌体抗拉强度时墙体开裂。

图6-12　错层裂缝

②采用现浇钢筋混凝土楼盖结构的房屋有时发生贯通楼盖结构的水平裂缝和贯通墙体的竖向裂缝（图6-13）。这种裂缝也是由于混凝土收缩和降温使楼盖结构与墙体间产生相对变形而引起的。

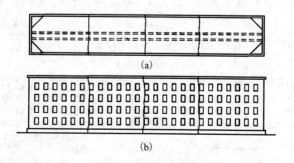

图6-13　楼盖裂缝

③当房屋圈梁布置不当时，也会引起墙体开裂。图6-14为某教学楼，因楼梯间位于房屋端部，外墙圈梁没有圈住整个房屋，建成后不久，在圈梁拐弯处出现图示裂缝，裂缝中间

宽、两边窄,冬天宽、夏天窄。这是由于圈梁布置不当,钢筋混凝土楼盖、圈梁与砌体间相对温度变形差而引起的。

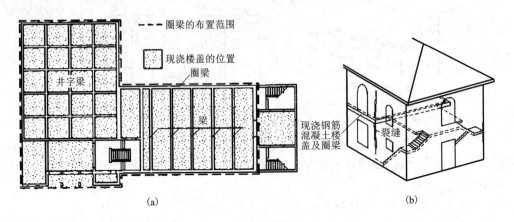

图 6 - 14   圈梁布置不当产生的裂缝情况

2. 地基不均匀沉降引起的裂缝

房屋下部地基支承整幢房屋而产生压缩变形,房屋亦随着沉降。当地基土层不一致或土层一致而上部荷载分布不均匀时,地基将产生不均匀沉降,从而使房屋的墙体中产生由弯曲变形和剪切变形引起的附加应力,当墙体内产生的这种附加拉应力超过砌体的抗拉强度时,砌体中就会出现裂缝。若地基的不均匀沉降继续加剧,裂缝不断开展,则可能使房屋严重破坏甚至倒塌。

因地基不均匀沉降而产生的房屋墙体裂缝一般具有以下特点。

(1)在房屋空间刚度被削弱的部位,裂缝比较密集。

(2)裂缝大部分出现在纵墙上,较少出现在横墙上。原因是纵墙长高比比较大,抗弯刚度相对较小,因而容易开裂。

(3)裂缝分布情况与沉降曲线(即房屋实际沉降分布情况)有关。当沉降曲线为微凹形时,裂缝出现在房屋下部,裂缝宽度下大上小,裂缝的分布情况对称于房屋中部呈"八"字形;当沉降曲线为微凸时,裂缝多在房屋上部,呈倒"八"字形,裂缝宽度上大下小,而且集中分布在沉降曲线相对弯曲变形较大的部位(图 6 - 15)

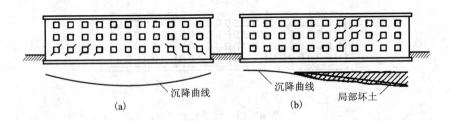

图 6 - 15   沉降曲线与裂缝

（4）房屋各区段高差较大时，裂缝多出现在高度较小的区段；房屋各区段荷载相差悬殊时，裂缝多出现在荷载较小的区段(图6-16)。

图6-16　高差裂缝

（5）裂缝一般为45°倾斜，而且集中在门窗洞口等相对较薄弱部位的附近。这是由于房屋发生不均匀沉降后，墙体产生剪切变形的缘故。由于窗口处容易出现应力集中现象，所以大多数裂缝从窗口对角向外扩展，窗口角部裂缝宽度较大。

6.4.2　墙体开裂的预防措施

防止或减轻墙体开裂的原理：①合理的结构布置；②加强房屋结构的整体刚度；③设置沉降缝；④设置收缩缝。

1.防治温度和收缩裂缝

因收缩和温度变形引起的裂缝，对房屋整体性、耐久性和外观都有很大影响，应尽量避免出现这类裂缝，构造要求如下。

（1）整体上考虑，设置伸缩缝。

在正常使用条件下，应在墙体中设置伸缩缝。伸缩缝应设在因温度和收缩变形引起应力集中、砌体产生裂缝可能性最大处。伸缩缝的间距可按表6-3采用。

（2）在保证收缩缝间距的基础上，为了防止或减轻房屋顶层墙体的裂缝，可根据房屋具体情况分别采取"防、放、抗"措施。

①为减少屋面与顶层墙体温差，防止墙顶产生裂缝，屋面应设置保温、隔热层。

②为释放或降低温差应力，屋面保温(隔热)层或屋面刚性面层及砂浆找平层应设置分隔缝，分隔缝间距不宜大于6 m，并与女儿墙隔开，其缝宽不小于30 mm。

③受温差影响较大地区可适当选用装配式有檩体系钢筋混凝土屋盖和瓦材屋盖。

④顶层屋面板下设置现浇钢筋混凝土圈梁，并沿内外墙拉通，房屋两端圈梁下的墙体内宜设置水平筋。

⑤顶层墙体有门窗等洞口时，在过梁上的水平灰缝内设置2~3道焊接钢筋网片或2根直径6 mm钢筋，焊接钢筋网片或钢筋应伸入洞口两端墙内不小于600 mm。

⑥顶层及女儿墙砂浆强度等级不低于M7.5(Mb7.5，Ms7.5)。

⑦女儿墙应设置构造柱，构造柱间距不宜大于4 m，构造柱应伸至女儿墙顶并与现浇混凝土压顶整浇在一起。

⑧对顶层墙体施加竖向预应力。

表 6-3　砌体房屋伸缩缝的最大间距　　　　　　　　　　　　　　　　　　　/m

屋盖或楼盖类别		间距
整体式或装配式钢筋混凝土结构	有保温层或隔热层的屋盖、楼盖	50
	无保温层或隔热层的屋盖	40
装配式无檩体系钢筋混凝土结构	有保温层或隔热层的屋盖、楼盖	60
	无保温层或隔热层的屋盖	50
装配式有檩体系钢筋混凝土结构	有保温层或隔热层的屋盖	75
	无保温层或隔热层的屋盖	60
瓦材屋盖、木屋盖或楼盖、轻钢屋盖		100

注：①对烧结普通砖、烧结多孔砖、配筋砌块砌体房屋，取表中数值；对石砌体、蒸压灰砂普通砖、蒸压粉煤灰普通砖、混凝土砖、混凝土普通砖和混凝土多孔砖房屋，取表中数值乘以 0.8 的系数，当墙体有可靠外保温措施时，其间距可取表中数值；

②在钢筋混凝土屋面上挂瓦的屋盖应按钢筋混凝土屋盖采用；

③层高大于 5 m 的普通烧结砖、烧结多孔砖、配筋砌块砌体结构单层房屋，其伸缩缝间距可按表中数值乘以 1.3；

④温差较大且变化频繁地区和严寒地区不采暖的房屋及构筑物墙体的伸缩缝的最大间距，应按表中的数值予以适当减小；

⑤墙体的伸缩缝应与结构的其他变形缝相重合，风宽度应满足各种变形缝的变形要求；在进行里面处理时，必须保证缝隙的变形作用。

(3) 为了防止或减轻房屋底层墙体裂缝，可根据情况采取下列措施。

①增大基础圈梁的刚度。

②在底层的窗台下墙体灰缝内设置 3 道焊接钢筋网片或 2 根直径 6 mm 钢筋，并伸入两边窗间墙内不小于 600 mm。

(4) 防止门窗洞口的裂缝。

在每层门、窗过梁上方的水平灰缝内及窗台下第一和第二道水平灰缝内，宜设置焊接钢筋网片或 2 根直径 6 mm 的钢筋，焊接钢筋网片或钢筋应伸入两边窗间墙内不小于 600 mm。当墙长大于 5 m 时，宜在每层墙高度中部设置 2~3 道焊接钢筋网片或 3 根直径 6 mm 水平通长钢筋，竖向间距为 500 mm。

2. 防止地基不均匀沉降裂缝

地基产生过大不均匀沉降，对墙体应力的影响非常复杂。若墙体布置合理，可调整和减少房屋的不均匀沉降，防止或减少墙体开裂。

(1) 合理进行墙体布置。

①房屋长高比不宜过大，否则墙体平面内抗弯刚度过低。尽量减少墙体转折，必要时适当增强基础的刚度和强度。

②建筑体型力求简单。当体型复杂时，可结合平面状况和高度差异设置沉降缝，将房屋划分为几个平面规则、刚度较大的独立单元。

(2) 加强房屋整体刚度和强度。

①在墙体内设置钢筋混凝土圈梁。

②合理布置承重墙，尽量将纵墙拉通，避免在中间断开，减少转折，每隔一定距离布置

一道横墙，与内外纵墙连接。

（3）加强墙体被洞口削弱部分。

墙体由于开了门、窗等洞口，截面被削弱。当洞口水平截面面积过大而影响墙体的承载能力时，可在墙体内适当配筋或在洞口周边采用钢筋混凝土边框加强。具体措施如下。

①在混凝土砌块房屋门、窗等洞口两侧不少于一个混凝土砌块的孔洞中竖向设置不小于 $1\phi12$ 钢筋，钢筋应在楼层圈梁或基础内锚固，并采用不低于 Cb20 灌孔混凝土灌实。

②在门窗洞口两边的墙体的水平灰缝内，设置长度不小于 900 mm、竖向间距为 400 mm 的 $2\phi4$ 焊接钢筋网片。

③在顶层和底层设置通长钢筋混凝土窗台梁，窗台梁的高度宜为块体高度的模数，梁内纵筋不少于 $4\phi10$，箍筋直径不小于 6 mm，间距不大于 200 mm，混凝土不低于 C20。

（4）设置沉降缝。

设置沉降缝是消除由于基础过大不均匀沉降对房屋造成危害的有效措施，它的作用是将房屋从基础到屋顶划分为若干个长高比较小、整体刚度较好、能调整过大不均匀沉降的独立单元。

在建筑的下列部位宜设置沉降缝：

①房屋高度或荷载差异较大的交界部位。

②形状复杂的建筑平面的转折部位。

③长高比过大房屋的适当部位。

④房屋分期建造的交界处。

⑤建筑结构或基础类型不同的交界处。

⑥地基土的压缩显著差异的分界部位。

沉降缝应有足够的宽度。沉降缝处的地基因受裂缝两侧房屋的相互影响，地基应力叠加，沉降量一般较大，所以缝两侧的独立单元容易发生倾倒现象。如果沉降缝宽度不够，房屋沉降后独立单元间的顶部可能产生挤压破坏。对于软弱地基上的房屋沉降缝宽度可按表 6-4 选用。沉降缝应使基础和墙体在全部高度范围内贯通。

表 6-4　房屋沉降缝宽度

房屋层数	沉降缝宽度/mm
2～3	50～80
4～5	80～120
5 层以上	不小于 120

注：当沉降缝两侧单元层数不同时，缝宽按层数多者取用。

本章小结

1.控制墙(柱)的高厚比，是保证墙(柱)稳定的重要构造措施。允许高厚比主要受墙(柱)的刚度条件、稳定性等的影响，与砂浆强度等级、构件形式、砌体种类、开洞和承载等状况有关。在高厚比验算时,《规范》用不同的方式考虑以上各种影响。对于带壁柱的墙体,除了要验算整片墙的高厚比之外,还要把壁柱视为壁柱间墙体的横向支承,进行壁柱间墙的高厚比验算,以考虑壁柱间墙体的局部稳定。

2. 墙、柱等构件除了满足承载力计算和高厚比验算的要求之外,还必须满足一系列的一般构造要求,以保证房屋满足空间刚度整体性和耐久性的要求。

3. 合理设置圈梁,使其符合有关构造要求,才能充分发挥圈梁的作用,有效地增强房屋的整体性和空间刚度,调节不均匀沉降。

4. 产生墙体裂缝的一般原因主要是因地基不均匀沉降、温度变化及收缩变形引起的。在压缩性较大的地基上合理设置沉降缝,控制长高比,正确布置墙体及设置圈梁,能有效地控制地基的不均匀沉降。注意处理好屋盖结构的保温与隔热层,合理留置房屋的伸缩缝,正确设置圈梁,或在可能发生较大拉应力的墙体处采取局部适当配筋的方法,可以防止因温度变化和收缩变化引起的墙体裂缝。

思考题

思考题答案

1. 为什么要验算墙、柱的高厚比? 怎样验算?
2. 墙、柱的允许高厚比与哪些因素有关? 有何关系?
3. 圈梁的作用是什么? 圈梁布置和构造要求有哪些?
4. 沉降缝与伸缩缝的作用是什么? 有何异同?
5. 墙体开裂有哪些常见情形? 有何特征?

习题

如图 6-17 所示教学楼平面(部分)图,预制钢筋混凝土楼盖,底层外墙厚 370 mm,内墙厚 240 mm(内纵墙带壁柱),底层层高 3.6 m,壁柱尺寸为 370 mm×370 mm 室内隔墙厚 120 mm,墙高为 2.9 m,砂浆强度等级 M5,试验算底层墙体的高厚比。

习题答案

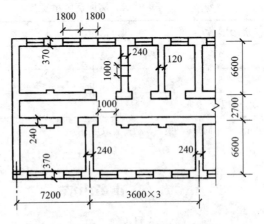

图 6-17 教学楼平面(部分)图

128

自测题

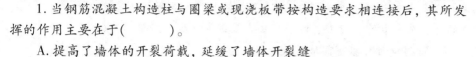

自测题答案

一、单项选择题

1. 当钢筋混凝土构造柱与圈梁或现浇板带按构造要求相连接后，其所发挥的作用主要在于(　　　　)。

A. 提高了墙体的开裂荷载，延缓了墙体开裂缝

B. 大大提高了墙体的抗剪能力，增强墙体抵抗水平地震作用的承载力

C. 约束了墙体变形，使得墙体开裂后虽经滑移、错位而不致崩塌

D. 提高了墙体的竖向承载力

2. 验算砌体结构房屋墙体高厚比是为了保证(　　　　)

A. 墙体的稳定性　　　　　　　　B. 房屋的刚度

C. 墙体的承载力　　　　　　　　D. 墙体的变形能力

3. 墙、柱的计算高度与其相应厚度的比值，称为(　　　　)。

A. 高宽比　　　　B. 长宽比　　　　C. 高厚比　　　　D. 高长比

4. 墙体一般要进行(　　　)个方面的验算。

A. 二　　　　　　B. 三　　　　　　C. 四　　　　　　D. 五

5. 墙体作为受压构件稳定性的验算通过(　　　　)验算。

A. 高宽比　　　　B. 长宽比　　　　C. 高厚比　　　　D. 高长比

6. 墙体验算时，以(　　　　)为计算单元。

A. 开间　　　　　B. 柱距或 1 m 宽度　C. 梁距　　　　　D. 1 m 宽度

7. 钢筋混凝土圈梁的高度不应小于(　　　　)mm。

A. 90　　　　　　B. 100　　　　　　C. 110　　　　　　D. 120

8. 承重的独立砖柱，截面尺寸不宜小于(　　　　)

A. 240×240　　　B. 240×370　　　C. 370×370　　　D. 370×490

9. 带壁柱墙的高厚比验算公式为 $\beta = H_0/h_T \leq \mu_1\mu_2[\beta]$，其中 h_T 采用(　　　　)

A. 壁柱的厚度　　　　　　　　　B. 壁柱和墙厚的平均值

C. 墙的厚度　　　　　　　　　　D. 带壁柱墙的折算厚度

10. 在房屋建筑中，决定砖砌体厚度主要应考虑的因素除承载力要求外，还有(　　　　)

A. 高厚比要求　　B. 耐久性要求　　C. 适用性要求　　D. 抗冻性要求

11. 在砌体结构房屋中，确定承重墙厚度的主要依据是(　　　　)

A. 承载力和高厚比　　　　　　　B. 适用性和耐久性

C. 高厚比和耐久性　　　　　　　D. 承载力和适用性

二、多选题

1. 墙柱高厚比验算时，下列哪些说法正确?(　　　　)

A. 带构造柱的墙体，应进行构造柱间墙高厚比的验算

B. 带壁柱的墙体中设置具有一定刚度的圈梁时，圈梁对壁柱间墙的高厚比验算有利

C. 墙体高厚比的验算是墙体具有足够承载力的重要保证

D. 当与墙相连接的相邻横墙间距较小时，可不做高厚比验算

2. 以下关于砌体结构房屋中设置圈梁的作用的叙述哪些是正确的?（　　　　　）

A. 加强房屋的整体性和空间刚度

B. 减轻地基不均匀沉降对房屋的影响

C. 提高墙体的抗剪强度

D. 防止当墙砌体很长时由于温度和收缩变形可能在墙体产生的裂缝

3. 带壁柱墙的计算截面翼缘宽度 b_f，按下列规定采用，哪些是正确的?（　　　　　）

A. 多层房屋有门窗洞口时可取窗间墙宽度

B. 多层房屋无门窗洞口时，可取相邻壁柱间的距离

C. 有壁柱的单层房屋，可取壁柱宽加 2/3 墙高

D. 有窗洞的单层房屋，可取壁柱宽加 2/3 墙高，但不大于窗间墙宽度

三、填空题

1. 对带壁柱的砖墙要分别进行_____和_____的高厚比验算。

2. 墙、柱高厚比验算的目的是_____，验算的基本公式是_____。

3. 砂浆强度等级越高，砌体允许高厚比 $[\beta]$ 越_____。

4. 砌体结构承重墙(柱)必须满足承载力、_____和_____三方面的要求。

5. 为保证砌体墙、柱的稳定性，需限制其_____。

6. 在混合结构房屋中，钢筋混凝土圈梁应沿外墙四周水平方向_____设置。

7. 在混合结构房屋中，对受压构件进行高厚比验算的目的是_____。对带壁柱的砖墙要分别进行_____和_____的高厚比验算。

8. 在砖混结构中，圈梁的作用是增强房屋的_____，并减轻_____和_____对房屋的不利影响。

9. 在进行墙体设计时必须限制其_____，保证墙体的稳定性和刚度。

10. 产生墙体裂缝的一般原因主要是_____和_____引起的。

四、判断题

1. 在砌筑砖砌体和钢筋混凝土构造柱组合的砖墙时，先砌墙后浇筑混凝土构造柱。

（　　）

2. 圈梁兼作过梁时，圈梁构造钢筋可直接作为过梁部分的钢筋。（　　）

3. 圈梁宜连续地设在同一水平面上并形成封闭状，当圈梁被洞口截断时，应在洞口上部增设相同截面的附加圈梁。（　　）

4. 已知某承重墙计算出 $\beta = 20$，且 $[\beta] = 22$，则无论墙上是否开洞，高厚比一定满足要求。（　　）

第 7 章　过梁、墙梁、挑梁及雨篷的设计

学习目标

1. 了解砖过梁的受力特点、破坏特征，掌握砖过梁的荷载取值及其承载力的计算方法。
2. 了解墙梁的受力特点、破坏特征，掌握墙梁的计算方法与构造要求。
3. 了解挑梁的破坏特征，重点掌握挑梁计算内容及抗倾覆验算，掌握挑梁的构造要求。
4. 了解雨篷设计计算的内容，重点掌握雨篷的抗倾覆验算。

7.1　过梁

砌体结构中，墙体上跨过门窗洞口上部的梁称为过梁。过梁是用来承受门窗洞口上部墙体以及梁板所传来的荷载的构件。

7.1.1　过梁的分类、构造要求及适用范围

常见的过梁按照其构成材料的不同分为砖砌过梁和钢筋混凝土过梁（图 7 - 1）。砖砌过梁又可分为砖砌平拱过梁、砖砌弧拱过梁、钢筋砖过梁三种。

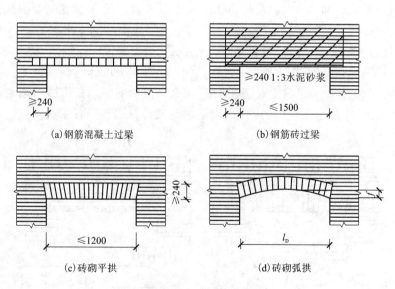

(a)钢筋混凝土过梁　　　　　　　(b)钢筋砖过梁

(c)砖砌平拱　　　　　　　　　　(d)砖砌弧拱

图 7 - 1　过梁的种类

钢筋混凝土过梁具有施工方便、跨度较大、抗震性能好等优点，在地震区得以广泛采用。钢筋混凝土过梁按钢筋混凝土受弯构件计算。在验算过梁下砌体局部受压时，可不考虑上层荷载的影响。

砖砌过梁具有节约钢材水泥、造价低廉、砌筑方便等优点，但对振动荷载和地基不均匀沉降较敏感。因此，在受有较大振动或在软弱地基条件下，均不宜采用砖砌过梁。同时砖砌过梁跨度不宜太大，对砖砌平拱过梁不超过 1.2 m。砖砌弧拱过梁的净跨度 l_n 与矢高 f（拱顶至拱脚连线的垂直距离）有关，当 $f = (1/8 \sim 1/12) l_n$ 时，$l_n = 2.5$；当 $f = (1/5 \sim 1/6) l_n$ 时，$l_n = 3.0 \sim 4.0$ m。

砖砌弧拱过梁的建筑立面较美观，但其施工复杂，故在一般房屋中很少采用。

砖砌平拱过梁时将砖竖立和侧立砌筑而成，其竖砌部分的高度不应小于 240 mm。

砖砌弧拱过梁也是将砖竖立和侧立砌筑而成。用砖竖砌部分的高度不应小于 120 mm（即半砖长）。

钢筋砖过梁的砌筑方法同墙体，仅在过梁底部水平灰缝内配置受力钢筋而成。梁底砂浆层厚度不宜小于 30 mm，一般采用 1:3 水泥砂浆。砂浆层内钢筋直径不应小于 5 mm，间距不宜大于 120 mm。钢筋伸入支座内长度不宜小于 240 mm，光面钢筋应在末端弯钩。

钢筋混凝土过梁端部支承长度不应小于 240 mm。当过梁承受墙体外的其他施工荷载或过梁上墙体在冬季施工时，过梁下应加设临时支撑。

7.1.1 过梁上荷载的计算

过梁上的荷载指作用于过梁上的墙体自重和过梁计算高度范围内的梁、板荷载。过梁上的荷载有两种情况：①仅有墙体自重；②除有墙体自重外，还有过梁计算高度范围内的梁板荷载。

如图 7-2 所示砖砌过梁，当竖向荷载较小时，过梁和受弯构件一样，上部受压，下部受拉。随着荷载的不断增加，将先后在跨中受拉区出现垂直裂缝和在支座处出现接近 45° 的阶梯裂缝。这两种裂缝出现后，对于砖砌体平拱过梁将形成由两侧支座水平推力来维持的三铰拱 [图 7-2(a)]；对于钢筋砖过梁将形成由钢筋承受拉力的拉杆三铰拱 [图 7-2(b)]，钢筋混凝土过梁与钢筋砖过梁有相似之处。试验表明，当过梁上墙体达到一定的高度时，过梁上墙体形成的内拱将产生卸荷作用，使一部分荷载直接传给支座。根据试验结果分析，过梁上梁板荷载应按表 7-1 规定采用（砖砌弧拱过梁的荷载计算图参阅有关资料）。

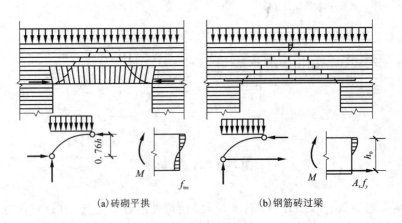

(a) 砖砌平拱　　　　　　　(b) 钢筋砖过梁

图 7-2　砖砌过梁

表 7-1　过梁上荷载取值表

荷载类型	简图	砌体种类		荷载取值
墙体荷载		砖砌体	$h_w < l_n/3$	按墙体的均布自重采用
			$h_w \geqslant l_n/3$	按高度为 $l_n/3$ 的墙体均布自重采用
		小型砌块砌体	$h_w < l_n/2$	按墙体的均布自重采用
			$h_w \geqslant l_n/2$	按高度为 $l_n/2$ 的墙体均布自重采用
梁板荷载	注：h_w 为梁板下墙体高度	砖砌体或混凝土砖块砌体	$h_w < l_n$	按计入梁板传来的荷载
			$h_w \geqslant l_n$	可不考虑梁板荷载

注：①墙体荷载的采用与梁板的位置无关；

②表中 l_n 为过梁的净跨。

7.1.3　砌体过梁的计算

1. 砖砌平拱过梁计算

砖砌弧拱的计算与普通拱相同，这里不再赘述。

(1)砖砌平拱过梁的几何参数。

①砖砌平拱过梁的截面计算高度 h 取过梁底面以上的墙体高度，但不大于 $l_n/3$；

②砖砌平拱过梁内力计算时的计算跨度取净跨 l_n。

(2)斜截面受剪承载力验算。

砖砌平拱斜截面受剪承载力验算可按第 3 章进行。不过，计算研究表明，当砖砌平拱过梁的砂浆强度等级从 M2.5 变到 M10 时，按受剪承载力条件算出的允许均布荷载总是大于按受弯承载力条件算出的允许均布荷载。因此，当正截面受弯承载力验算满足时，斜截面受剪承载力验算自动满足要求，可不必进行。

2. 钢筋砖过梁的计算

(1)钢筋砖过梁的几何参数。

①钢筋砖过梁的截面计算高度 h 取过梁底面以上的墙体高度，但不大于 $l_n/3$；当考虑梁、

板传来的荷载时，则按梁、板下的高度采用。

②钢筋砖过梁内力计算时的计算跨度取净跨 l_n。

(2)正截面受弯承载力验算

$$M \leqslant 0.85 h_0 f_y A_s \tag{7-1}$$

式中：M——按简支梁计算的跨中截面弯矩设计值；

$0.85 h_0$——内力臂，0.85 为内力臂系数，h_0 为过梁截面的有效高度，$h_0 = h - a_s$，h 为过梁截面计算高度，a_s 为受拉钢筋重心至梁截面下边的距离，一般为 15～20。

f_y，A_s——受拉钢筋强度设计值和受拉钢筋截面面积。

3. 钢筋混凝土过梁

钢筋混凝土过梁受弯、受剪承载力计算同一般钢筋混凝土受弯构件。过梁梁端支承处砌体局部受压承载力，梁端上部由墙体传来的荷载可不考虑，均按第 4 章内容计算。

【例 7-1】 已知砖砌平拱净跨 $l_n = 1.0$ m，用竖砖砌筑部分高度为 240 mm，墙厚为 240 mm，采用 MU10 烧结普通砖、M7.5 混合砂浆砌筑。梁板位于窗口顶上方 1.25 m 高度处。要求：验算该过梁的承载力。

解 (1)过梁的内力计算

按规范规定，$h_w \geqslant l_n$ 所以可不考虑梁板荷载。墙体自重按高度为 $l_n/3$ 的墙体均布荷载采用，墙体两面抹灰可计入墙厚，由永久荷载起控制的组合，可得：

$$q = 1.35 \times 0.28 \times \frac{1.0}{3} \times 19 = 2.39 \text{ kN/m}$$

$$M = \frac{1}{8} \times 2.39 \times 1.0^2 = 0.299 \text{ kN} \cdot \text{m}$$

$$V = \frac{1}{2} \times 2.39 \times 1.0 = 1.195 \text{ kN}$$

(2)承载力验算

MU10 砖，M7.5 砂浆查得砌体强度设计值 $f_v = 0.14$ MPa，$f_{tm} = 0.29$ MPa

$$W = \frac{1}{6} \times 240 \times 400^2 = 64 \times 10^5 \text{ mm}^3$$

$$W \cdot f_{tm} = 64 \times 10^5 \times 0.29 \times 10^{-6} = 1.856 \text{ kN} \cdot \text{m} > M = 0.299 \text{ kN} \cdot \text{m}$$

受弯承载力满足要求。

$$bzf_v = 240 \times \frac{2}{3} \times 333 \times 0.14 = 7.46 \text{ kN} > V = 1.195 \text{ kN}$$

受剪承载力满足要求。

(3)按允许均布荷载设计值计算

受弯时取

$$h = \frac{1}{3} l_n, \quad M = \frac{1}{8} q l_n^2, \quad W = \frac{1}{6} bh^2 = \frac{1}{54} bl_n^2$$

$$[q] = \frac{8M}{l_n^2} = \frac{8 f_{tm} \cdot W}{l_n^2} = \frac{4}{27} b f_{tm} = \frac{4}{27} \times 240 \times 0.29 = 10.31 \text{ kN/m}$$

受剪时

$$V = \frac{1}{2} q l_n, \quad z = \frac{2}{3} h = \frac{2}{9} l_n$$

$$[q] = \frac{2V}{l_n} = \frac{4}{9}bf_v = \frac{4}{9} \times 240 \times 0.14 = 14.93 \ \text{kN/m}$$

所以允许均布荷载设计值[q]应为 10.31 kN/m，远大于该梁承受的荷载设计值 2.39 kN/m。

7.2　墙梁

由钢筋混凝土梁和砌筑于其上的计算高度范围内的砌体墙组成的组合构件称为墙梁（图7-3），其中的钢筋混凝土梁称为托梁。

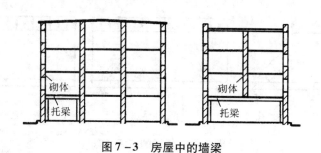

图7-3　房屋中的墙梁

根据墙梁是否承受梁、板荷载分为自承重墙梁和非承重墙梁。根据支撑情况不同分为简支墙梁、连续墙梁和框支墙梁。

7.2.1　墙梁的破坏形态

墙梁在顶部荷载的作用下，墙和梁将共同工作而形成墙梁组合结构。其破坏形态有三种。

1. 弯曲破坏

当托梁中钢筋较少而砌体强度却相对较高，且墙体高跨比 h_w/l_0 较小时，一般先在跨中出现垂直裂缝，随着荷载的增加，裂缝迅速向上延伸，并穿过托梁与墙的界面进入墙体，同时托梁中还出现新的裂缝。当主裂缝截面的上、下部钢筋达到屈服强度时，墙梁发生沿跨中垂直截面的弯曲破坏[图7-4(a)]。

2. 剪切破坏

若托梁中的钢筋较多，而砌体强度却相对较低，且 h_w/l_0 适中时，易在支座上部的砌体中出现因主拉或主压应力过大而引起的斜裂缝，导致砌体的剪切破坏。剪切破坏形式与 h_w/l_0、托梁的高跨比 h_b/l_0、荷载作用方式、有无洞口及洞口位置的不同等有关。剪切破坏形式又分为以下三种。

(1)斜拉破坏。

当 $h_w/l_0 < 0.3$，而砂浆的强度等级又较低时，砌体将因主拉应力过大，产生沿齿缝截面的比较平缓的斜裂缝[图7-4(b)]而破坏。斜拉破坏属脆性破坏，设计中应避免斜拉破坏。

(2)斜压破坏。

当 $h_w/l_0 \geq 0.5$，且集中荷载的剪跨比(a/H_0)较小时，支座附近剪跨范围的砌体将因主压应力过大而产生斜向的斜压破坏[图7-4(d)]。破坏时裂缝数量多，坡度陡，倾角一般在

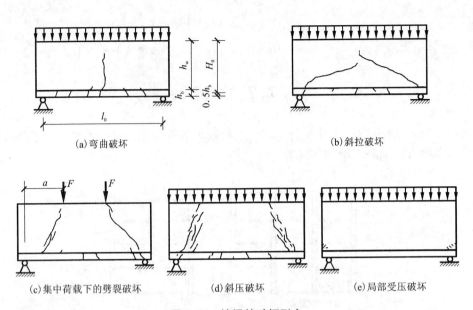

(a)弯曲破坏   (b)斜拉破坏

(c)集中荷载下的劈裂破坏   (d)斜压破坏   (e)局部受压破坏

图 7-4　墙梁的破坏形态

$55°\sim 60°$，裂缝间的砌体和砌筑砂浆出现压碎崩落现象，极限承载力较大。

(3)劈裂破坏。

当集中荷载较大、砌体强度低且 a/l_0 较小时，砌体开裂后迅速贯通墙体全高，沿集中力作用点到支座形成劈裂型裂缝[图 7-4(c)]，破坏时裂缝沿支座至荷载作用点方向突然开展，开裂荷载与破坏荷载相当接近。劈裂破坏也属脆性破坏，设计中也应避免。

3.局部受压破坏

当托梁中的钢筋较多，而砌体强度却相对较低，且 $h_w/l_0 > 0.75$ 时，靠近支座处砌体将因压应力过大，而产生局部受压破坏[图 7-4(e)]。另外，如托梁中纵向钢筋锚固不牢，支座垫板或加荷载垫板刚度较小，也可能在这些部位产生局部破坏。

另外，还有一些其他形式的破坏。单跨墙梁，只有满足表 7-2 中的条件时，才能被认定为《规范》中所定义的"墙梁"。

表 7-2　墙梁的一般规定

类别	跨度 l/m	墙体总高 H/m	墙体计算高跨比 h_w/l_0	托梁高跨比 h_b/l_0	洞口尺寸	
					宽跨比 b_h/l_0	洞高 h_b
承重墙梁	≤9	≤18	≥0.4	≥1/10	≤0.3	≤$5h_w/6$ 且 $h_w - h_h \geq 0.4$ m
自承重墙梁	≤12	≤18	≥1/3	≥1/15	≤0.8	不限

注：①适用于砖砌体墙梁，混凝土小型砌块砌体墙梁可参照使用；

②墙体总高度指托梁顶面到檐口高度，带阁楼的坡屋面应算至山尖墙 1/2 高度处；

③对自承重墙梁，洞口至边支座中心的距离不宜小于 $0.1l_0$，门窗洞上口至墙顶的距离不应小于 0.5 m；

④h_w 为墙体计算高度；h_b 为托梁截面高度；l_0 为墙梁计算跨度；b_h 为洞口宽度；h_h 为洞口高度，对窗洞取洞顶至托梁顶面距离。

*7.2.2　简支墙梁的计算

此处仅对简支梁的计算进行讨论。

《砌体结构设计规范》规定，对墙梁应该进行使用阶段正截面抗弯承载力、斜截面的抗剪承载力和托梁支座上部砌体局部受压承载力的计算。此外，还应该验算托梁在施工阶段的承载力。有洞口墙梁和无洞口墙梁的计算有所不同。此处只讨论无洞口墙梁的计算。

单跨墙梁如满足表 7 - 2 的要求时，可按下述方法进行计算。

1. 墙梁的计算简图

单跨墙梁采用如图 7 - 5 所示的计算简图。图中各符号的意义为：

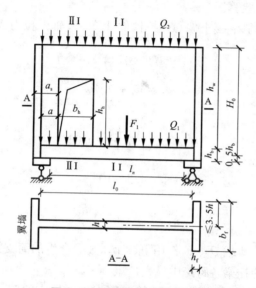

图 7 - 5　单跨墙梁的计算简图

l_0 为墙梁的计算跨度，取 $1.1l_n$ 或 l_c 两者的较小值，l_n 和 l_c 分别为墙梁的净跨和支座中心线距离；h_b 为托梁高度；h_w 为墙体计算高度，取托梁顶面一层墙高，当 $h_w > l_0$ 时，取 $h_w = l_0$，$H_0 = 0.5h_b + h_w$；h 为墙体厚度；h_f 为翼墙厚度；b_f 为翼墙计算宽度，取窗间墙宽度或横墙间距的 2/3，且每边不大于 $3.5h$ 和 $l_0/6$；a_s 为翼墙边缘至洞边缘的最近距离；a 为支座中心至门窗洞口边缘的最近距离；h_h 为洞口高度；b_h 为洞口宽度。

2. 墙梁的荷载计算

（1）使用阶段墙梁上的荷载。

对于承重墙梁，有作用在托梁顶面上的设计荷载 Q_1 和 F_1，以及作用在墙梁顶面上的设计荷载 Q_2。其中 Q_1 和 F_1 分别为沿梁跨度方向的包括托梁自重及本层楼盖的恒载和活载在内的均布荷载和集中荷载。Q_2 取托梁以上各层墙体自重，以及墙梁顶面以上各层楼（屋）盖恒荷载和活荷载；集中荷载可沿作用的跨度近似化为均布荷载。

对于非承重墙，墙梁顶面的设计荷载 Q_2，取为托梁自重和托梁顶面以上的墙体自重。

（2）施工阶段托梁上的荷载。

施工阶段作用在托梁上的荷载包括托梁自重、本层楼盖的恒载和施工荷载及墙体自重。

墙体自重无洞时取高度为 $l_{0\max}/3$ 的墙体重量，$l_{0\max}$ 为各计算跨度的最大值。开洞时取洞顶以下实际分布的墙体重量。本层的施工荷载可由荷载规范查得。

3. 墙梁的计算要点

(1) 计算原则。

在施工阶段对托梁按一般钢筋混凝土受弯构件进行正截面受弯承载力和斜截面受剪承载力验算。在使用阶段要分别计算墙梁的正截面受弯承载力、墙体和托梁的斜截面受剪承载力、托梁支座上砌体的局部受压承载能力。单跨墙梁的计算简图如图 7-5 所示。

(2) 托梁正截面受弯承载力计算要点。

①计算截面无洞口墙梁取跨中截面 Ⅰ—Ⅰ；有洞口者取洞口内缘位置 Ⅱ—Ⅱ，并对 Ⅰ—Ⅰ 截面按无洞口墙梁进行验算。

②梁跨中截面应按钢筋混凝土偏心受拉构件计算，其轴向拉力 N_{bt} 和 M_b 分别为：

$$N_{bt} = \eta_N \frac{M_2}{H_0} \tag{7-2}$$

$$M_b = M_1 + \alpha_M M_2 \tag{7-3}$$

对简支墙梁为：

$$\alpha_M = \varphi_M \left(1.7 \frac{h_b}{l_0} - 0.03\right) \tag{7-4}$$

$$\varphi_M = 4.5 - 10 \frac{a}{l_0} \tag{7-5}$$

$$\eta_N = 0.44 + 2.1 \frac{h_w}{l_0} \tag{7-6}$$

式中：M_1——墙梁在设计荷载 Q_1、F_1 作用下，计算截面产生的简支梁跨中弯矩或按连续梁或框架分析的托梁各跨跨中最大弯矩；

M_2——墙梁设计荷载 Q_2 作用下，计算截面产生的简支梁跨中弯矩或按连续梁或框架分析的托梁各跨跨中弯矩最大值；

α_M——考虑墙梁组合作用的托梁跨中弯矩系数，可按式(7-4)计算，但对自承重简支墙梁乘以 0.8，当式(7-4)中 $h_b/l_0 > 1/6$ 时，取 $h_b/l_0 = 1/6$；

η_N——考虑墙梁组合作用的托梁跨中轴力系数，可按式(7-6)计算，但对自承重简支墙梁乘以 0.8，当式(7-6)中 $h_b/l_0 > 1$ 时，取 $h_b/l_0 = 1$；

φ_M——洞口对托梁弯矩的影响系数，对无洞口墙梁取 1.0，对有洞口墙梁可按式(7-5)计算；

a——洞口边至墙梁最近支座的距离，当 $a > 0.35l_0$ 时，取 $a = 0.35l_0$。

(3) 斜截面受剪承载力计算要点。

①墙梁的墙体斜截面抗剪承载力。当墙梁的正截面承载力有保证，$h_w/l < 0.75$ 时，承重墙梁的承载能力一般由墙体的抗剪能力控制。此时，墙体的受剪承载力按式(7-7)计算：

$$V_2 \leq \xi_1 \xi_2 \left(0.2 + \frac{h_b}{l_0} + \frac{h_t}{l_0}\right) h h_w f \tag{7-7}$$

式中：V_2——在墙梁荷载设计值 Q_2 的作用下墙梁支座边剪力的最大值；

ξ_1——翼墙或构造柱影响系数，对单层墙梁取 1.0，对多层墙梁，当 $b_f/h = 3$ 时取 1.3，

当 $b_f/h = 7$ 或设置构造柱时取 1.5，当 $3 < b_f/h < 7$ 时，按线性内插取值；

ξ_2——洞口影响系数，对无洞口墙梁取 $\xi_2 = 1.0$，对单层有洞口墙梁，$\xi_2 = 0.6$，对多层开洞墙梁，$\xi_2 = 0.9$；

h_t——墙梁顶面圈梁的高度。

非承重墙梁一般可不验算墙体的抗剪能力。

②梁的受剪承载力托梁的斜截面受剪承载力应按现行《混凝土结构设计规范》(GB 50010—2010)中受弯构件的抗剪计算，其剪力设计值 V_{bj} 可按下式计算

$$V_{bj} = V_{1j} + \beta V_{2j} \tag{7-8}$$

托梁 Ⅱ—Ⅱ 截面剪力设计值 V_A

$$V_A = V_{1h} + \frac{1.25\alpha_M M_2}{a + b_h} \tag{7-9}$$

式中：V_{1j}——墙梁荷载设计值 Q_1、F_1 作用下，按连续梁或框架分析的托梁支座边剪力或简支梁支座边剪力。

V_{2j}——墙梁荷载设计值 Q_2 作用下，按连续梁或框架分析的托梁支座边剪力或简支梁支座边剪力。

β——考虑组合作用的托梁剪力系数，无洞口墙梁边支座取 0.6，中支座取 0.7；有洞口墙梁边支座取 0.7，中支座取 0.8。对自承重墙梁，无洞口时取 0.45，有洞口时取 0.5。

V_{1h}——墙梁荷载设计值 Q_1、F_1 作用下，按连续梁或框架分析的托梁洞口处剪力。

③托梁支座上部砌体的局部受压承载力计算试验表明，纵向翼墙对墙体的局压有明显的改善作用。对非承重墙梁，砌体有足够的局压强度，故可不必验算。当翼墙为承重墙时，应不考虑其作用。支座上部砌体局压按式(7-10)计算

$$Q_2 \leqslant \zeta h f \tag{7-10}$$

式中：ζ——局压系数，$\zeta = 0.25 + 0.08 b_f/h$，当 $\zeta > 0.81$ 时，取 $\zeta = 0.81$。

当 $b_f/h \geqslant 5$ 或墙梁支座处设置上下贯通的落地构造柱时，可不验算局部受压承载力。

7.2.3　墙梁的构造要求

1. 材料

(1)托梁和框支柱的混凝土强度等级不应低于 C30；纵筋宜采用 HRB335，HRB400 或 RRB400。

(2)承重墙梁的块体强度等级不应低于 MU10，计算高度范围内墙体的砂浆强度等级不应低于 M10(Mb10)。

2. 墙体

(1)框支墙梁的上部砌体房屋，以及设有承重的简支墙梁或连续墙梁的房屋，应满足刚性方案房屋的要求。

(2)墙梁的计算高度范围内的墙体厚度，对砖砌体不应小于 240 mm，对混凝土小型砌块砌体不应小于 190 mm。

(3)墙梁洞口上方应设置混凝土过梁，其支承长度不应小于 240 mm；洞口范围内不应施加集中荷载。

(4)承重墙梁的支座处应设置落地翼墙,翼墙厚度,对砖砌体不应小于 240 mm,对混凝土砌块砌体不应小于 190 mm,翼墙宽度不应小于墙梁墙体厚度的 3 倍,并与墙梁墙体同时砌筑。当不能设置翼墙时,应设置落地且上、下贯通的混凝土构造柱。

(5)当墙梁墙体在靠近支座 1/3 跨度范围内开洞时,支座处应设置落地且上下贯通的混凝土构造柱,并应与每层圈梁连接。

(6)墙梁计算高度范围内的墙体,每天可砌高度不应超过 1.5 m,否则,应加设临时支撑。

3. 托梁

(1)托梁两侧各两个开间的楼盖应采用现浇混凝土楼盖,楼板厚度不宜小于 120 mm。当楼板厚度大于 150 mm 时,宜采用双层双向钢筋网,楼板上应少开洞,洞口尺寸大于 800 mm 时应设洞边梁。

(2)托梁每跨底部的纵向受力钢筋应通长设置,不应在跨中段弯起或截断。钢筋接长应采用机械连接或焊接。

(3)墙梁的托梁跨中截面纵向受力钢筋总配筋率不应小于 0.6%。

(4)托梁上部通常布置的纵向钢筋面积与跨中下部纵向钢筋面积之比不应小于 0.4。连续墙梁或多跨框支墙梁的托梁支座上部附加纵向钢筋从支座边算起每边延伸不应小于 $l_0/4$。

(5)承重墙梁的托梁在砌体墙、柱上的支承长度不应小于 350 mm。纵向受力钢筋伸入支座的长度应符合受拉钢筋的锚固要求。

(6)当托梁高度 $h_b \geqslant 450$ mm 时,应沿梁截面高度设置通长水平腰筋,其直径不应小于 12 mm,间距不应大于 200 mm。

(7)对于洞口偏置的墙梁,其托梁的箍筋加密区范围应延伸到洞口外,距洞边的距离小于或等于墙梁的截面高度 h_b,箍筋直径不应小于 8 mm,间距不应大于 100 mm。

【例 7-2】 已知某五层商店住宅进深 6 m,开间 3.3 m,采用承载墙梁,其局部平剖面及荷载如图 7-6 所示。托梁 $b \times h_b = 250$ mm$\times$600 mm,纵向翼墙宽 $b_f = 1400$ mm。翼墙厚度 370 mm,墙梁的墙体的厚度为 240 mm,采用 MU10 烧结多孔砖,计算高度范围内 M10 混合砂浆,顶梁 $b_t \times h_t = 240$ mm$\times$180 mm;作用在托梁顶面上的荷载设计值 $Q_1 = 29.85$ kN/m,作用在墙梁顶面上的荷载设计值 $Q_2 = 143.86$ kN/m。

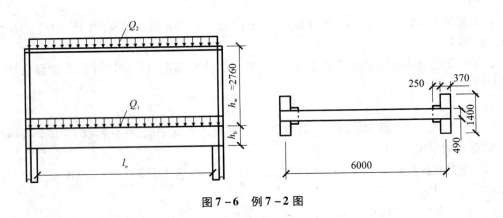

图 7-6 例 7-2 图

试验算使用阶段墙梁的墙体斜截面的抗剪承载力和托梁支座上部砌体局部受压承载力。

解　$l_c = 6$ m，　$l_n = 6 - 0.87 = 5.13$ m

故　$l_0 = 1.1 l_n = 1.1 \times 5.13 = 5.64$ m

$$V_2 = \frac{Q_2 l_n}{2} = \frac{143.96 \times 5.13}{2} = 369.26 \text{ kN}$$

（1）墙梁受剪承载力计算

$$\frac{b_f}{h} = \frac{1400}{370} = 3.78, \quad \xi_1 = 1.34$$

无洞口，$\xi_2 = 1.0$，$f = 1.89$ N/mm²，则

$$V_2 = 369.26 \text{ kN} < \xi_1 \xi_2 \left(0.2 + \frac{h_b}{l_0} + \frac{h_t}{l_0}\right) f h h_w$$

$$= 1.34 \left(0.2 + \frac{0.6}{5.64} + \frac{0.18}{5.64}\right) \times 1.89 \times 240 \times 2760$$

$$= 567.5 \text{ kN}$$

满足要求。

（2）托梁支座上部砌体局部受压承载力计算方法

$$\zeta = 0.25 + 0.08 \frac{b_f}{h} = 0.25 + 0.08 \times 3.78 = 0.55$$

$$Q_2 = 143.96 \text{ kN} < \zeta f h = 0.55 \times 1.89 \times 240 = 249.5 \text{ kN/m}$$

满足要求。

7.3　挑梁

在砌体结构房屋中，为了支承挑廊、阳台、雨篷等，常设有埋入砌体墙内的钢筋混凝土悬臂构件，此为挑梁的一种形式。当埋入墙内的长度较大且梁相对于砌体的刚度较小时，梁发生明显的挠曲变形，将这种挑梁称为弹性挑梁，如阳台挑梁，外廊挑梁等；当埋入墙内的长度较短时，埋入墙内的梁相对于砌体刚度较大，挠曲变形很小，主要发生刚体转动变形，将这种挑梁称为刚性挑梁。嵌入砖墙内的悬臂雨篷梁属于刚性挑梁。

现浇钢筋混凝土结构中，从连续梁端支座延伸出来一定长度的梁段或者直接从柱子连接出来，端部没有支承的梁也属于挑梁，前者称外伸梁，后者称悬臂梁。

7.3.1　挑梁的受力性能

图 7-7（a）所示挑梁，其嵌固部分受上部砌体的压应力作用。当挑梁悬臂端受荷载 F 作用后，在支座弯矩和剪力作用下，埋入段梁内也将产生弯曲变形。由于挑梁受到上部和下部砌体的约束，故变形大小与墙体和挑梁埋入段的刚度有关。随着荷载 F 的增加，挑梁埋入段外墙下砌体压缩变形增加，其上表面产生水平裂缝与上部砌体脱开。继续加荷，挑梁埋入段尾部的下方也产生水平裂缝，与下部砌体脱开。若挑梁本身的强度足够，则挑梁及周围砌体有以下两种破坏的可能。

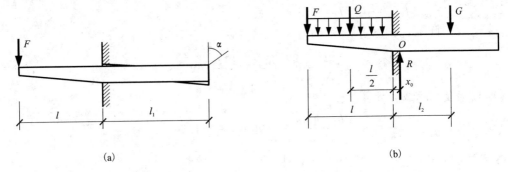

图 7 - 7 挑梁的倾覆破坏图

1. 挑梁倾覆破坏

当挑梁埋入段砌体强度足够而埋入段长度 l_1 较小时,可能在埋入段尾部外的砌体中产生 $a \geqslant 45°$ 的裂缝[图 7 - 7(a)]。这是因为砌体内的主拉应力大于砌体沿齿缝截面的抗拉强度。当斜裂缝继续发展不能抑制时,裂缝范围内砌体及其他抗倾覆荷载不再能有效地抵抗挑梁的倾覆,挑梁即发生倾覆破坏。

2. 挑梁下砌体的局部受压破坏。

当挑梁埋入较长且砌体强度较低时,可能使挑梁埋入段前部的砌体局部压碎而破坏。

7.3.2 挑梁的抗倾覆验算

图 7 - 7(b)中 O 点为挑梁丧失稳定时的计算倾覆点。作用于挑梁的设计荷载(包括挑梁外挑段的自重)对 O 点的力矩称为倾覆力矩 M_{ov},而挑梁的抗倾覆力对 O 点的力矩称为抗倾覆力矩 M_r,挑梁不发生倾覆破坏的条件为:

$$M_r \geqslant M_{OV} \tag{7 - 11}$$

计算倾覆点 O 至墙外边缘的距离 x_0(单位为 mm),可按下列规定采用。

当 $l_1 \geqslant 2.2h_b$ 时,$x_0 = 0.3h_b$,且 $x_0 \leqslant 0.13l_1$;

当 $l_1 < 2.2h_b$ 时,$x_0 = 0.13l_1$。

以上式中的 l_1 为挑梁埋入砌体的长度(单位为 mm),h_b 为挑梁的截面高度(单位为 mm),x_0 为计算倾覆点至墙外边缘的距离(单位为 mm)。当挑梁下有构造柱时,计算倾覆点至墙外边缘的距离可取 $0.5x_0$。

挑梁的抗倾覆力矩按式(7 - 12)计算

$$M_r = 0.8G_r(l_2 - x_0) \tag{7 - 12}$$

式中: G_r——挑梁的抗倾覆荷载,为挑梁尾部上部 45° 扩散角范围(水平长度为 l_3)内的砌体(图 7 - 8 中画阴影部分砌体)自重与挑梁埋入长度 l_1 范围内的楼面恒载标准值之和;

   l_2——G_r 作用点至墙外边缘的距离。

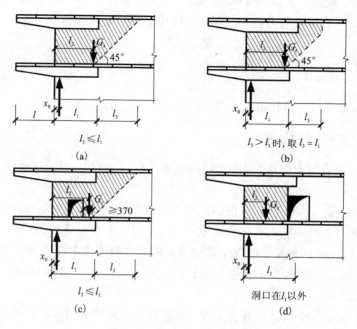

图 7 - 8　挑梁的抗倾覆荷载

7.3.3　挑梁下砌体局部受压承载力验算

挑梁下砌体局部受压承载力按式(7 - 13)进行验算

$$N_1 \leqslant \eta \gamma f A_1 \qquad\qquad (7 - 13)$$

式中：N_1——挑梁下的支承压力，可取 $N_1 = 2R$，R 为挑梁在荷载设计值作用下产生的支座竖向力；

η——梁端底面压应力图形的完整系数，取 $\eta = 0.7$；

γ——砌体局部抗压强度提高系数，按图 7 - 9 采用；

A_1——挑梁下砌体局部受压面积，可取 $A_1 = 1.2bh_b$，其中 b 为挑梁截面宽度，h_b 为挑梁截面高度。

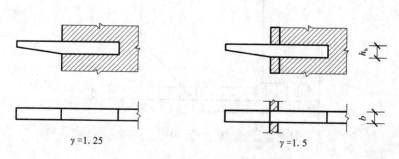

图 7 - 9　砌体局部抗压强度提高系数

根据理论分析，挑梁的最大弯矩 M_{max} 与挑梁上荷载对墙边弯矩之比的平均值为1.07，试验平均值为1.09，其值与倾覆力矩 M_{max} 接近，故挑梁的弯矩设计值取

$$M_{max} = M_{ov} \qquad (7-14)$$

剪力设计值取

$$V_{max} = V_0 \qquad (7-15)$$

式中：V_0——挑梁荷载设计值在挑梁墙外边缘处截面产生的剪力。

7.3.4 挑梁的构造要求

挑梁设计除应符合国家标准《混凝土结构设计规范》GB50010 的有关规定外，还应满足下列要求。

（1）纵向受力钢筋至少应有50%的钢筋面积伸入梁尾端，且不少于2φ12 mm 钢筋。其余钢筋伸入支座的长度，对于埋入砌体的挑梁不应小于 $2l_1/3$（l_1 为外伸挑梁埋入砌体墙内的长度），对于混凝土结构中的挑梁，在支座里应满足按受拉钢筋要求的锚固长度。

（2）挑梁埋入砌体长度与挑出长度之比宜大于1.2；当挑梁上无砌体时，埋入长度与挑出长度之比宜大于2。

（3）当挑梁下有混凝土构造柱或垫梁时，计算倾覆点到墙外边缘的距离可取 $0.5b$（b 为构造柱或垫梁在挑梁方向上的截面边长）。

【例7-3】 某钢筋混凝土挑梁（图7-10），埋置于丁字形（带翼墙）截面的墙体中。挑梁采用 C20 混凝土，截面 $b_b \times h_b = 240$ mm × 300 mm。挑梁上、下墙厚均为240 mm，采用 MU10 烧结粉煤灰砖、M2.5 水泥混合砂浆砌筑，施工质量控制等级为 B 级。挑梁挑出长度 $l = 1.5$ m，埋入长度 $l_1 = 1.8$ m，挑梁间墙体净高为 2.7 m。已知墙面荷载标准值为 5.24 kN/m²；楼面恒荷载标准值为 2.64 kN/m²，活荷载标准值为 2 kN/m²；阳台恒荷载标准值为 2.64 kN/m²，活荷载标准值为 2.5 kN/m²；挑梁自重标准值为 1.8 kN/m；挑梁端恒载标准值 3.5 kN/m；房屋开间为 3.3 m。

要求：挑梁抗倾覆验算。

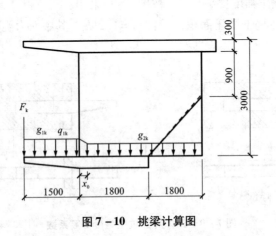

图7-10 挑梁计算图

解　(1)荷载计算

楼面均布荷载标准值:

楼面恒荷载 $g_{2k} = 2.64 \times 3.3 = 8.71$ kN/m

阳台恒荷载 $g_{1k} = 2.64 \times 3.3 = 8.71$ kN/m

阳台活载 $q_{1k} = 2.5 \times 3.3 = 8.25$ kN/m

挑梁自重 $g_k = 1.8$ kN/m

挑梁端集中恒载标准值 $F_k = 3.5 \times 3.3 = 11.55$ kN

(2)挑梁抗倾覆验算

①计算倾覆点

因 $l_1 = 1.8$ m $> 2.2h_b = 2.2 \times 0.3 = 0.66$ m,

取 $x_0 = 0.3h_b = 0.3 \times 0.3 = 0.09$ m $< 0.13l_1 = 0.13 \times 1.8 = 0.234$ m

②倾覆力矩

$$M_{OV} = \frac{1}{2}[1.2(1.8 + 8.71) + 1.4 \times 8.25] \times 1.59^2 + 1.2 \times 11.55 \times 1.59 = 52.58 \text{ kN} \cdot \text{m}$$

③抗倾覆力矩

挑梁的抗倾覆力矩由本层挑梁尾端上部45°扩展角范围内的墙体和楼面恒荷载标准值产生。

$$M_r = 0.8G_r(l_2 - x_0) = 0.8\left[(1.8 + 8.71) \times \frac{1}{2}(1.8 - 0.09)^2\right.$$

$$\left. + 5.24 \times \left(1.8 \times 2.7 \times 0.81 + 1.8 \times 2.7 \times 2.61 - \frac{1}{2} \times 1.8 \times 1.8 \times 2.91\right)\right]$$

$$= 62.21 \text{ kN} \cdot \text{m} > M_{OV} = 52.58 \text{ kN} \cdot \text{m}$$

满足要求。

7.4　雨篷

7.4.1　雨篷的构成及受力特点

雨篷一般由雨篷板和雨篷梁组成。雨篷板自外墙体门洞上方向外挑出(图7-11)。雨篷板为嵌固在雨篷梁上的钢筋混凝土悬臂板。雨篷梁承受由雨篷板传来的荷载、梁上部墙体的重量以及楼盖梁板可能传来的荷载。由于雨篷板对雨篷梁纵轴的偏心作用,这些荷载除使梁产生弯曲外,还使梁产生扭矩,所以雨篷梁一般按弯、剪、扭构件设计。

另一方面,埋置于墙体中的雨篷梁构件又属于刚性悬挑构件,它在墙体中的埋置长度一般为墙厚。试验结果表明,雨篷构件一旦承受荷载作用,雨篷梁下砌体就产生不同的变形,梁下砌体外侧一部分产生压应变,砌体内侧一部分雨篷梁与砌体界面上产生拉应变。拉、压应变的中和轴接近墙的中间。随荷载增大,中和轴逐渐向外侧移动。当砌体受拉边灰缝拉应力超过构件与砌体截面水平灰缝的弯曲抗拉强度时,就出现裂缝。此时的荷载值为倾覆荷载的50%~60%。荷载载增加,裂缝逐渐向雨篷下门洞口方向延伸,形成沿雨篷梁底长方向的裂缝(图7-11),与此同时,砖墙顶部变位也逐渐增大向外荷载一边倾斜,直到墙体裂缝由

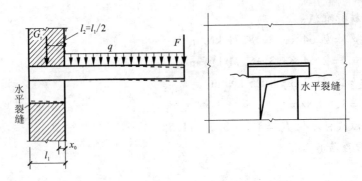

图 7 – 11 雨篷抗倾覆荷载及水平裂缝

墙内侧延伸至墙体边缘,墙体丧失抗倾覆能力。

根据弹性理论分析,倾覆时的旋转点位置以式(7 – 16)确定:

$$x_0 = 0.13l_1 \tag{7 – 16}$$

式中:l_1——墙厚,如图 7 – 11 所示.

雨篷的破坏除了由其中的钢筋混凝土构件因弯、剪、扭承载力不足而引起的外,另一破坏形式就是倾覆破坏,倾覆破坏时并不引起墙体的局部受压破坏。这里仅涉及雨篷的倾覆破坏及抗倾覆验算。

7.4.2 雨篷的抗倾覆验算

雨篷的抗倾覆验算可按挑梁的计算公式即式(7 – 11)和式(7 – 12)进行计算。但其中抗倾覆荷载 G_r 的取值范围如图 7 – 12、图 7 – 13(a)所示的阴影部分。

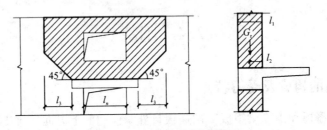

图 7 – 12 雨篷抗倾覆验算图

若计算不能满足上述要求,表明抗倾覆可靠度不足,应采取措施加强抗倾覆能力。例如将雨篷梁向两端延长,增加它在砌体内的支承长度以增强梁上抗倾覆荷载值(雨篷板则不必加宽)。当倾覆力矩过大,仅延长梁仍不能满足要求时,可将梁延到两边横墙处并在横墙内设拖梁[图 7 – 13(b)],或将雨篷与附近的结构构件(过梁、圈梁等)连成整体。

至于雨篷板、雨篷梁的设计计算,则应满足《混凝土结构设计规范》(GB 50010—2010)要求。计算雨篷板受弯承载力时,最大弯矩值应取离墙边 x_0 处的截面为计算截面。

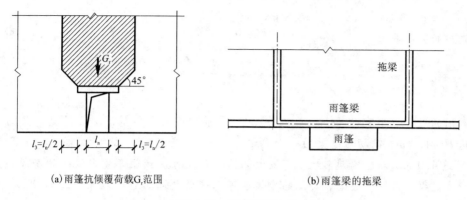

(a)雨篷抗倾覆荷载G_r范围　　　　　　(b)雨篷梁的拖梁

图 7 – 13　雨篷梁的拖梁

7.4.3　雨篷的构造要求

雨篷板的厚度同普通钢筋混凝土悬臂板。雨篷板受力钢筋伸入雨篷梁内的长度不得小于l_a。雨篷梁的宽度一般与墙体厚度相同,高度由计算确定。

【**例 7 – 4**】　某钢筋混凝土雨篷,尺寸如图 7 – 14 所示,采用 MU10 烧结普通砖及 M5 砂浆砌筑。雨篷板自重(包括粉刷)为 5 kN/m^2,悬臂端集中活荷载按 1 kN 计,楼盖传给雨篷梁之恒荷载标准值 $G_k = 8$ kN/m,砖砌体的重度为 19 kN/m^3,钢筋混凝土的重度为 25 kN/m^3。试对该雨篷进行抗倾覆验算。

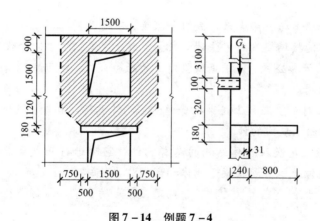

图 7 – 14　例题 7 – 4

解　(1)求 x_0

$$l_1 = 240 \text{ mm} < 2.2h_b = 2.2 \times 180 = 396 \text{ mm}$$
$$x_0 = 0.13l_1 = 0.13 \times 240 = 31 \text{ mm} = 0.031 \text{ m}$$

(2)求倾覆力矩

$$M_{OV} = 1.2 \times 5 \times 0.8 \times 2.0(0.8/2 + 0.031) + 1.4 \times 1 \times (0.8 + 0.031) = 5.3 \text{ kN} \cdot \text{m}$$

(3)抗倾覆力矩

$$M_r = 0.8\{[3.52 \times 4.0 - (1.5^2 + 0.75^2)] \times 0.24 \times 19(0.24/2 - 0.031)$$

$$+(8 \times 4.0 + 0.24 \times 0.18 \times 2.5 \times 25)(0.24/2 - 0.031)\}$$
$$= 6.13\ kN \cdot m > M_{OV} = 5.3\ kN \cdot m$$

抗倾覆能满足要求。

本章小结

1. 常用的过梁类型有砖砌平拱、砖砌弧拱、钢筋砖过梁和钢筋混凝土过梁。砖砌平拱过梁的净跨 $l_n \leq 1.2$ m，钢筋砖过梁的净跨 $l_n \leq 1.5$ m，当采用砖砌弧拱（矢高 $f = (1/5)l_n$）时，净跨 l_n 可达 4.0 m。对于跨度较大、有较大振动荷载或可能产生不均匀沉降的房屋，宜采用钢筋混凝土过梁。此时，过梁和其上的砌体也可以形成共同工作的墙梁，但工程上，一般仍按过梁设计。

2. 砖过梁受力时具有内拱作用，这种作用使梁上部荷载直接传给支座，故过梁荷载的取法与一般构件不同。如砖过梁墙体自重，当 $h_w \geq l_n/3$ 时，按 $l_n/3$ 的砌体自重考虑；当 $h_w \leq l_n/3$ 时，由于不能形成内拱受力机构，故按实际墙高考虑。而过梁上有楼盖梁、板传来的荷载，则根据梁、板下墙体的高度 h_w 是否大于 l_n，来决定考虑与否。对于砖砌平拱过梁，考虑支座水平推力作用，还应对墙体端部窗间墙水平灰缝进行受剪承载力计算。钢筋混凝土过梁梁端支承处砌体局部受压承载力计算时，可不考虑上部荷载的影响。

3. 墙梁是由钢筋混凝土托梁及其上墙体组成的深梁。根据墙梁组成材料的性能，托梁与墙体的高度和跨度以及托梁配筋率的不同，墙梁将出现弯曲破坏、剪切破坏和局压破坏。托梁混凝土强度较低时，也可能发生托梁的剪切破坏。砌体局压承载力不足时，将发生局部受压破坏。

4. 在施工阶段，墙体与托梁尚未形成组合深梁，不能共同工作，同时荷载也与使用阶段有所不同。因此，不能按墙梁分析方法计算托梁，而应按单独受力的受弯构件进行计算。

5. 墙梁承载力的计算公式，是根据试验建立的经验公式，学习中应着重了解公式建立的基础、适应范围及应用。

6. 墙梁的计算除对钢筋混凝土托梁按普通受弯构件进行计算外，还应进行使用阶段的抗弯、抗剪、局压等方面承载力的计算。

7. 钢筋混凝土挑梁是嵌入砌体结构的悬臂构件。它除进行正截面、斜截面承载力计算外，还要进行整体抗倾覆验算和挑梁下砌体局部承载力验算。

8. 挑梁和雨篷的抗倾覆验算，关键在于确定倾覆点的位置和抗倾覆荷载的大小。

思考题答案

思考题

1. 砖过梁有哪几种？它们的适用范围如何？

2. 砖砌平拱过梁和钢筋砖过梁在荷载作用下，将形成怎样的受力机构？发生的破坏形态有哪几种？它们分别是在什么情况下发生的？

3. 如何确定过梁上的荷载？

4. 墙梁可能发生哪几种破坏？它们各自是在什么条件下发生的？

5. 试述无洞口墙梁的计算要点。

6. 挑梁的倾覆点和抗倾覆是如何考虑的?

7. 雨篷的倾覆点和抗倾覆是如何考虑的?

习题

习题答案

1. 已知砖砌平拱净跨 $l_n = 1.2$ m,用竖砖砌筑部分高度为 240 mm,墙厚为 240 mm,采用 MU15 烧结普通砖、M10 混合砂浆砌筑。梁板位于窗口顶上方 1.0 m 高度处,楼面荷载设计值为 5 kN/m。要求:验算该过梁的承载力。

2. 已知某四层商店住宅进深 6 m,开间 3.3 m,采用承载墙梁,其局部平剖面及荷载如图 7-6 所示。托梁 $b \times h_b = 250$ mm × 600 mm,纵向翼墙宽 $b_f = 1400$ mm。翼墙厚度 370 mm,墙梁的墙体的厚度为 240 mm,采用 MU10 烧结多孔砖,计算高度范围内外 M10 混合砂浆,顶梁 $b_t \times h_t = 240$ mm × 180 mm;作用在托梁顶面上的荷载设计值 $Q_1 = 31$ kN/m,作用在墙梁顶面上的荷载设计值 $Q_2 = 150$ kN/m。

试验算使用阶段墙梁的墙体斜截面的抗剪承载力和托梁支座上部砌体局部受压承载力。

3. 某钢筋混凝土挑梁(图 7-10),埋置于丁字形(带翼墙)截面的墙体中。挑梁采用 C20 混凝土,截面 $b_b \times h_b = 240$ mm × 300 mm。挑梁上、下墙厚均为 240 mm,采用 MU10 烧结黏土砖、M5 水泥混合砂浆砌筑,施工质量控制等级为 B 级。挑梁挑出长度 $l = 1.5$ m,埋入长度 $l_1 = 1.8$ m,挑梁间墙体净高为 2.7 m。已知墙面荷载标准值为 5.24 kN/m^2;楼面恒荷载标准值为 2.8 kN/m^2,活荷载标准值为 2.0 kN/m^2;阳台恒荷载标准值为 2.55 kN/m^2,活荷载标准值为 2.5 kN/m^2;挑梁自重标准值为 1.75 kN/m;挑梁端恒载标准值 3.7 kN/m;房屋开间为 3.6 m。

试进行挑梁的抗倾覆验算。

4. 某钢筋混凝土雨篷,尺寸如图 7-15 所示,采用 MU10 烧结普通砖及 M5 砂浆砌筑。雨篷板自重(包括粉刷)为 4.5 kN/m,悬臂端集中活荷载按 1 kN 计,楼盖传给雨篷梁之恒荷载标准值 $G_k = 8.5$ kN/m,砖砌体的重度为 19 kN/m^3,钢筋混凝土的重度为 25 kN/m^3。试对该雨篷进行抗倾覆验算。

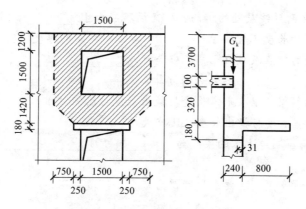

图 7-15　题 4 雨篷抗倾覆验算图

自测题答案

自测题

一、单项选择题

1.对于砖砌体结构，过梁承受墙体荷载的取值方法是(　　　　)

A.当过梁上墙体高度 $h_w < l_n$ (l_n 为过梁净跨)时，按墙体的均布自重采用

B.当过梁上墙体高度 $h_w \geqslant l_n$ 时，不考虑墙体的均布自重

C.当过梁上墙体高度 $h_w < \dfrac{l_n}{3}$ 时，按墙体的均布自重采用

D.当过梁上墙体高度 $h_w \geqslant \dfrac{l_n}{3}$ 时，不考虑墙体的均布自重

2.钢筋砖过梁的截面计算高度，取梁底面以上的墙体高度，但不大于(　　　　)。

A. $l_n/2$ 　　　　　　B. $l_n/3$ 　　　　　　C. l_n 　　　　　　D. $2l_n$

3.悬挑构件不会发生哪种破坏(　　　　)

A.倾覆破坏　　　　　　　　　　　　B.挑梁下砌体的局部受压破坏

C.挑梁正截面和斜截面破坏　　　　　D.挑梁上方砌体弯曲破坏

4.对砖砌体，当过梁上的墙体高度 $h_w < l_n/3$ ，过梁上的均布荷载取(　　　　)。

A.全部墙重　　　　　　B.一半墙重　　　　　　C.墙重的三分之一

二、多项选择题

在计算过梁的荷载时，对砖或小型砌块砌体墙，下列哪些叙述是正确的？(　　　　)

A 当梁、板下的墙体高度 $h_w < l_n$ 时(l_n 为过梁的净跨)，应计入梁、板传来的荷载

B 当梁、板下的墙体高度 $h_w < l_n$ 时，可不考虑梁、板传来的荷载

C 当梁、板下的墙体高度 $h_w > l_n$ 时，应计入梁、板传来的荷载

D 当梁、板下的墙体高度 $h_w > l_n$ 时，可不考虑梁、板传来的荷载

三、填空题

1. 钢筋砖过梁底面砂浆层处的钢筋，其直径不应小于_____，间距不宜大于_____，钢筋伸入支座砌体内的长度不宜小于_____，砂浆层的厚度不宜小于_____。

2. 根据挑梁的受力特点及破坏形态，应进行_____、_____及_____三部分的计算。

3. 砌体结构中的挑梁，埋入砌体长度与挑出长度之比宜大于_____，当挑梁上无砌体时，埋入砌体长度与挑出长度之比宜大于_____。

4、砌体结构中门窗洞口上方的梁称为_____。

三、判断题

在进行挑梁抗倾覆验算时，要求抗倾覆力矩大于倾覆力矩。　　　　　　　　　　(　　　)

参考文献

［1］施楚贤. 砌体结构(第 3 版). 北京：中国建筑工业出版社，2012

［2］施楚贤，徐建，刘桂秋. 砌体结构设计与计算. 北京：中国建筑工业出版社，2003

［3］砌体结构设计规范(GB 50003—2011). 北京：中国建筑工业出版社，2012

［4］砌体基本力学性能试验方法标准(GB/T 50129—2011). 北京：中国建筑工业出版社，2011

［5］砌体结构工程施工质量验收规范(GB 50203—2011). 北京：中国建筑工业出版社，2011

［6］建筑抗震设计规范(GB 50011—2010). 北京：中国建筑工业出版社，2010

［7］苑振芳. 砌体结构设计手册(第 2 版). 北京：中国建筑工业出版社，2002

［8］施楚贤，施宇红. 砌体结构疑难释义(第 3 版). 北京：中国建筑工业出版社，2004

［9］施楚贤，梁建国. 砌体结构学习辅导与习题精解. 北京：中国建筑工业出版社，2006

［10］胡乃君. 砌体结构(第 2 版). 北京：高等教育出版社，2012

图书在版编目（ＣＩＰ）数据

砌体结构 / 赵邵华主编. --长沙：中南大学出版
社，2018.4
ISBN 978 - 7 - 5487 - 3161 - 0

Ⅰ.①砌… Ⅱ.①赵… Ⅲ.①砌体结构—教材 Ⅳ.
①TU36

中国版本图书馆 CIP 数据核字（2018）第 062479 号

砌体结构

赵邵华　主编

□责任编辑	周兴武
□责任印制	易红卫
□出版发行	中南大学出版社
	社址：长沙市麓山南路　　　　邮编：410083
	发行科电话：0731 - 88876770　　传真：0731 - 88710482
□印　　装	长沙德三印刷有限公司

□开　　本	787×1092　1/16　□印张 10.25　□字数 257 千字
□版　　次	2018 年 4 月第 1 版　□2018 年 4 月第 1 次印刷
□书　　号	ISBN 978 - 7 - 5487 - 3161 - 0
□定　　价	34.00 元